化学与人生哲理

李强林　黄方千　肖秀婵◎编著

重庆大学出版社

内容提要

《化学与人生哲理》是以四大化学知识要点为主线,以人生哲理为主体,将人生哲理融于大学化学知识点中。本书可让学生在学习化学知识的同时,用辩证唯物主义世界观和方法论认识世界,感悟人生。通过讲故事、摆事实,让学生打开心门,共振共鸣,让人生哲理潜移默化在化学学习过程之中。本书让化学课堂发生了3个奇妙变化:变化学课堂为讲化学故事的课堂;变化学课堂为诠释生活现象的百科全书;变化学课堂为教学生如何做人做事的课堂。

本书不仅适合于学习"大学化学"的所有学生,还适合于化学课程的专任教师,也可作为课程思政教师和研究课程思政的专家学者的参考书。

图书在版编目(CIP)数据

化学与人生哲理／李强林,黄方千,肖秀婵编著
. -- 重庆:重庆大学出版社,2020.2
ISBN 978-7-5689-1865-7

Ⅰ.①化… Ⅱ.①李…②黄…③肖… Ⅲ.①化学—高等学校—教材②人生哲学—高等学校—教材③思想政治教育—中国—高等学校—教材 Ⅳ.①O6②B821③G641

中国版本图书馆 CIP 数据核字(2019)第 258193 号

化学与人生哲理

李强林 黄方千 肖秀婵 编著
策划编辑:范 琪
责任编辑:陈 力 涂 昀   版式设计:范 琪
责任校对:万清菊   责任印制:张 策

*

重庆大学出版社出版发行
出版人:饶帮华
社址:重庆市沙坪坝区大学城西路 21 号
邮编:401331
电话:(023)88617190 88617185(中小学)
传真:(023)88617186 88617166
网址:http://www.cqup.com.cn
邮箱:fxk@cqup.com.cn(营销中心)
全国新华书店经销
重庆华林天美印务有限公司印刷

*

开本:787mm×1092mm 1/16 印张:7.5 字数:190千
2020 年 2 月第 1 版   2020年2月第 1 次印刷
印数:1—2 000
ISBN 978-7-5689-1865-7 定价:38.00 元

前　言

为深入贯彻落实全国教育大会、全国高校思想政治工作会议精神、《高校思想政治工作质量提升工程实施纲要》、习近平总书记在学校思想政治理论课教师座谈会上的讲话精神，积极推动习近平新时代中国特色社会主义思想进教材、进课堂、进头脑，充分挖掘和运用各门课程蕴含的思想政治教育元素，发挥专业教师课程育人的主体作用。《化学与人生哲理》以化学知识点为载体，以物质结构、性质、方法为纽带，以思政元素为内涵，让学生打开心门，共振共鸣，传递人生哲理，让思政元素在化学课堂潜入心灵深处。铸魂育人，贯彻党的教育方针，落实立德树人根本任务。

本书的知识载体源于四大化学知识，即无机化学、有机化学、物理化学和分析化学，以酸碱理论、活化能、碰撞理论、过渡态理论等基本理论，以酸碱滴定法、返滴定法等化学分析方法，以滴定终点、化学计量点、误差、表面活性剂等化学概念，以中和、取代、配位、保护与脱保护等化学反应，以阿司匹林、尼古丁、甲基橙等物质的性质和用途，以配位化合物结构、醇酚结构、手性等物质结构，以萃取、蒸馏、滴定等化学实验，共 165 个知识点为思政载体，植入思政元素和人生哲理，包括唯物辩证法、世界观、人生观、价值观等。

化学家的故事不仅是潜移默化、春风化雨、润物无声的思政元素，也是扣人心弦的人生哲理，还可以是终生难忘的经历。化学课程实践性强、应用性强、故事性强，学生喜欢接受新知识、新信息，很容易打开天线、同频共振。本书融入青蒿素发明者屠呦呦、中国第一位名字写进有机化学的黄鸣龙等中国科学家，以及格林尼亚、凯库勒、门捷列夫、玻尔等外国科学家的事迹，诠释改革创新、自强不息的爱国情怀，传递永攀科学高峰、无私奉献、锲而不舍的高尚品质，弘扬时代精神，唱响爱国主义主旋律。

本书把化学知识和人生哲理有机融合，让化学课堂更有哲学味，更有穿透力，为读者提供了一种人生哲理的思维方式。同时把"课程思政"教学经验深化、优化、固化下来，为老师更好把握理论教学，传递人生哲理，强化价值引领、推动课程思政理论创新、推进协同育人机制和构建"大思政"育人新格局。

本书注重"化学知识入深入细、思政元素落小落全"，坚持因事而化、因时而进、因势而新，注重以问题为导向，用活的案例、活的方法，结合化学结构、性质和用途，解答读者在学习生活中的现实困惑，点亮化学课程思政之灯，润物细无声，使读者产生知识共鸣、情感共鸣、价值共鸣，充分发挥课堂主渠道育人作用，增强教学的吸引力、说服力和感染力。

本书的绪论、第 1、2、10、11、12 章由李强林老师撰写，第 3、4、5 章由肖秀婵老师撰写，第 6、7、8、9 章由黄方千老师撰写。

本书在撰写过程中，还得到了成都工业学院冯瑛教授、吴菊珍教授、陈江麟、秦淼等老师的细致修改和热心帮助，在此表示特别感谢。书中插图由江庆、罗梓瑞、卢煊等同学绘制。

鉴于作者水平有限，书中难免存在疏漏之处，敬请读者多多包涵指正。

李强林

四川·成都
2019 年 10 月

目录

绪　论

教育教学过程中,应该寓教于思、育才造士,达到三个目标维度:知识与技能目标(Knowledge & Skill)、过程与方法目标(Process & Step)和情感态度与价值观目标(Emotional Attitude & Value),即"三维目标"。它是一个教学目标的三个方面、三个维度。也就是说,通过一个阶段的教育教学,必须同时达到这三个维度的目标,这三个维度是一个统一的、不可分割的整体。

1. 化学教育教学的三维目标

知识与技能目标(图0.1):化学教育教学中的知识与技能目标主要包括人类生存所不可或缺的化学基本知识和化学基本技能。化学基本技能包括基本能力和操作技能。基本能力包括获取、收集、处理、运用有关化学知识与信息的能力、创新精神和实践能力,还包括终身学习的愿望和能力;操作技能包括分析检测、分离提纯、化学合成、记录计算、设计与报告等能力。

过程与方法目标(图0.2):化学教育教学中的过程与方法目标主要包括人类生存所不可或缺的化学知识与技能的学习过程与学习方法。学习过程是指适应应答性学习环境、学会学习交流、体验学习过程和学习成果。学习方法包括基本的学习方式和具体的学习方式。基本学习方式包括善自主式学习、会合作式学习、能探究式学习;具体学习方式包括善于项目化学习、勇于发现式学习、乐于交往式学习等。

图0.1　知识与技能目标
（罗梓瑞 作）

情感态度与价值目标(图0.3):情感态度不仅指学习兴趣、学习责任,更重要的是乐观的生活态度、求实的科学态度、宽容的人生态度。价值目标强调个人价值和社会价值的统一,强调科学价值和人文价值的统一,强调人类价值和自然价值的统一,从而使学生内心确立对真善美的价值追求,树立人与自然和谐和可持续发展的理念,理解化学真理螺旋式的历史发展规律,掌握化学世界的矛盾统一规律,领略科

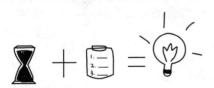

图0.2　过程与方法目标（罗梓瑞 作）

1

学家追求真理的科学态度。

图0.3 情感态度与价值目标
（罗梓瑞 作）

当前，不管是在化学教材中，还是在化学课堂教学过程中，知识与技能目标都十分清楚，过程与方法目标也比较得到注重，但在情感态度与价值目标方面并没有达到普遍共识。因此，本书用讲故事的方式，将化学理论、化学概念和化学公式娓娓道来，通过讲述科学家进行科学发明与创造的过程，讲述他们科学思考和研究的方法，为读者树立榜样，从而使读者树立正确的科学观和世界观。

用探讨合成物质的方法和路径，揭示"细节决定成败""绿色化学""原子经济""磨刀不误砍柴工"等道理。

通过讲解数据分析方法，植入"行家里手将看似一堆杂乱无章的数字变为宝贝"，从而鼓励读者执着专注，严谨认真，追求卓越。

2. 整合三维目标

目前，全国高校在"课程思政"改革方面，进行了许多有益探索，形成了一批代表性的课程，但是在整体设计、路径与载体、效果评价等还有待提升。本书通过"整合三维目标"，兼顾知识体系的完整性、系统性与有序性的原则进行整理，从而固化、优化和深化教学经验，形成可以推广的思政改革成果。《文心雕龙·知音》写道："夫缀文者情动而辞发，观文者披文以入情，沿波讨源，虽幽必显。"整合三维目标，必须先整体解读教材，把握整体目标，科学确定每一个维度的教学目标。

在化学教育教学中，首先，要确定情感态度与价值观的发展点。然后，再确定知识与能力的落脚点、过程与方法的展开点，如紧扣教学内容，进行阅读、理解、感悟，对科学家的故事进行体验和想象，制定教学的三维目标。如在"酸碱平衡"教学过程中，就不仅是简要地谈酸碱内涵；在"共价键理论"中涉及现代价键理论、杂化轨道理论、分子轨道理论等时，也不是简单地让学生掌握概念。更重要的是，要树立当已有理论解释某些化学现象受到限制的困境时，科学家是如何提出新理论来解释这个现象的科学态度和科学方法，从而确定"真理是有条件的真理""真理的发展符合否定之否定规律""目前还有很多真理等待我们去发现""探索真理的道路永无止境"等情感态度与价值观目标，以此逐步培养学生的科学精神、让学生树立科学观、价值观。

三维目标的逐维分解有利于目标的具体化、操作化，分解目标只是教学设计的第一步，关键是把分解后的目标整合起来，整合的目标更有利于目标的结构化和整体化（图0.4）。

目前的教材，还没有出现知识和能力、过程和方法、情感态度和价值观这三维目标的明显提示语，但是，教学准备时，必须把每一条目标都很好地交融在一起，逐步分层递进，为课堂教学达到三维目标的和谐共振奠定基础。

图0.4 目标的分解与整合
（罗梓瑞 作）

3. 情感态度与人生哲理

　　将马克思主义哲学与化学教育教学有机结合,引导学生在化学课程学习中掌握马克思主义哲学的基本立场、观点和方法,树立科学的世界观、人生观、价值观,增强"四个意识",坚持"四个自信",做到"两个维护",自觉为实现中华民族伟大复兴的中国梦奉献青春、智慧和力量。

　　马克思主义物质观:物质是标志着客观实在的哲学范畴,它的唯一特性是客观实在性。物质是世界唯一的本源,物质第一性,意识第二性,意识是物质的产物,是物质世界的主观映像(图0.5)。物质世界是联系的、发展的,发展的根本原因在于事物的内部矛盾。不仅自然界是物质的,人类社会也具有物质性,世界的真正统一性在于它的物质性。化学课堂中,以物质可以无限分割、原子结构的演变等知识点为载体,诠释马克思主义物质观。

图0.5　物质构成世界
(罗梓瑞 作)

　　世界观是人们对世界的总体看法和基本观点。一个人处在什么样的位置,在一个时间段用什么样的眼光去看待与分析事物,是由他的世界观决定的。因此,世界观具有实践性,人的世界观是不断更新、不断完善、不断优化的。世界观的基本问题是意识和物质、思维和存在的关系问题,根据对这两个问题的解答,可将它划分为两种根本对立的世界观类型,即唯心主义世界观和唯物主义世界观。例如,在化学课堂中,能斯特方程中的反应温度、物质的浓度、电极氧化还原反应本性与电极电动势的联系,嵌入"万事万物必有联系"的世界观哲学。

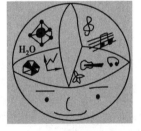

图0.6　理性与感性
(罗梓瑞 作)

　　人生观是人们在实践中形成的对人生目的和意义的根本看法,它决定着人们实践活动的目标、人生道路的方向,也决定着人们行为选择的价值取向和对待生活的态度。人生观是世界观的一个重要组成部分,受到世界观的制约。人生观主要是通过人生目的、人生态度和人生价值三个方面体现出来的。科学家的重大发明与发现与他的潜心钻研与独立思考,以及他的生活经历密不可分。在教学中,以任何物质都具有波粒二象性,引入"人都具有波粒二象性,或理性或感性"的人生哲学(图0.6)。

　　价值观是人们关于价值本质的认识以及对人和事物的评价标准、评价原则和评价方法的体系。价值观对人的行为起着规范和导向的作用,只有拥有正确的价值观,才能保证人们行为取向的正确。拥有同样化学知识的人,有的造福人类,有的制造毒品危害社会。在化学教学中,注重分析化学属性和对人类社会的影响,倡导和弘扬社会主义核心价值观,培养有担当的时代新人。例如,以阿司匹林、维生素C、腐殖质等为思政载体,植入"做社会主义建设有用之才""内在美比外在美更重要"的价值观。

　　科学观是指对科学基本的、总体的看法。把科学作为探究和反思的对象,提出各种各样的看法,形成不同的科学观。例如,以波义耳发明指示剂的故事植入"科学家能从细微处发现科学真理""细节决定成败"这样的科学道理。

职业观就是择业者对职业的认识、态度、观点,如对职业评价、择业方向等的认识,是择业者选择职业的指导思想。本书以我国化学家卢嘉锡、唐敖庆的人生故事为例,植入"学一行,入一行,爱一行,干一行"的成功秘诀,传递活到老、学到老的精神,树立终身学习的理念。

爱国主义是指个人或集体对祖国的一种积极和支持的态度,集中表现为民族自尊心和民族自信心,为保卫祖国和争取祖国的独立富强而献身的奋斗精神。习近平总书记在党的十九大报告中指出:"要加强思想道德建设。人民有信仰,国家有力量,民族有希望。"在全国教育大会上,习近平总书记强调,要在厚植爱国主义情怀上下功夫,让爱国主义精神在学生心中牢牢扎根,教育引导学生热爱和拥护中国共产党,立志听党话、跟党走,立志扎根人民、奉献国家。本书以玻尔用王水保护诺贝尔奖章的故事植入"用知识武装自己是保家卫国的最好办法"。通过教育在学生心中播下爱国的种子,收获他们对国家和民族的浓浓之情、拳拳之心,培养出合格的社会主义建设者和接班人。

集体意识是指集体成员对集体的目标、信念、价值与规范等的认识与认同。表现为成员自觉地按照集体规范要求自己,个人利益服从集体利益,并有一种责任感、荣誉感和自豪感。集体观念是指思考问题、处理问题要站在整个集体的角度考虑,要有全局观念、整体观念。本书以配合物的结构与组成植入"核心意识、合作意识"的思想。

团队意识指整体配合意识,优秀的团队一定有明确的团队目标、合理的团队角色、密切的关系及科学的团队运作过程。例如,以聚合反应植入"团结力量大"的团队意识。

通过介绍化学知识,传授做人的道理。同一知识从不同角度可以植入几个不同的做人的道理,同样,同一道理可以用不同知识点进行传授。本书抛砖引玉,读者触类旁通,根据同一化学知识可引申更多的人生哲理。

第**1**章
原子结构和元素周期表与人生哲理

1. 原子论——凡事可化小

【知识内涵】1803 年约翰·道尔顿(John Dalton)提出了第一个现代原子论。原子(Atom)是化学反应不可再分的最小微粒。原子由原子核和绕核运动的电子构成,原子核由质子和中子构成。原子在化学反应中不可分割,但在物理变化过程中仍可以分割(图 1.1)。

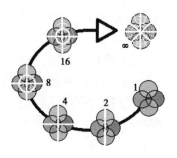

图 1.1　凡事可化小
（罗梓瑞 作）

【思政核心】凡事可化小。

【讲授方法】原子是化学反应不可再分的最小微粒,但在物理变化中可以分割。所以,物质是可以无限分割的。同理,任何事情都可以分割、可以化小,树立整体和部分的概念非常重要。任何集体都是由多个微小的单元有机组成,缺一不可。高楼大厦可以化成一块块砖石和一根根钢筋;一本书可以化成篇、句、词、字;一个工厂可以化成若干个车间、班组和工位。

2. 原子结构——树立核心意识

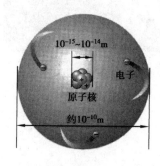

图 1.2　原子结构示意图

【知识内涵】原子由原子核和绕核运动的电子组成,具有核式结构。原子核由质子和中子构成,质子带正电,电子带负电,中子不带电(图 1.2)。

【思政核心】原子结构——拥护核式结构、树立核心意识。

【讲授方法】原子由原子核和绕核运动的电子组成,具有核式结构。同样道理,任何一个集体、一个团队,都是一个核式结构,原子核是最高领导,但是电子缺一不可。我们国家也好比是一个原子,中共中央就是原子核,老百姓就是绕核运动的电子,我们应该树立核心意识,坚决维护党的核心地位,坚决维护党中央的权威和集中统一领导。

3. 波粒二象性——人都具有"波粒二象性",或理性或感性

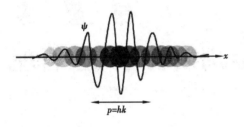

图 1.3　波粒二象性

【知识内涵】波粒二象性(Wave-Particle Duality)是指任何微观粒子不仅可以用粒子的术语来描述,也可以用波的术语来描述(图 1.3)。也就是说,经典的有关"粒子"与"波"的概念失去了完整描述量子范围内的物理行为的能力。爱因斯坦这样描述这一现象:"好像有时我们必须用一套理论,有时候又必须用另一套理论来描述这些粒子的行为,有时候又必须两者都用。我们遇到了一类新的困难,这种困难迫使我们要借助两种互相矛盾的观点来描述现实,两种观点是无法单独完全解释光的现象的,但是合在一起便可以。"波粒二象性是微观粒子的基本属性之一。1905 年,爱因斯坦提出了光电效应的光量子解释,人们开始意识到光波同时具有波和粒子的双重性质。1924 年,德布罗意提出"物质波"假说,认为和光一样,一切物质都具有波粒二象性。根据这一假说,电子也会具有干涉和衍射等波动现象,这被后来的电子衍射实验所证实。

【思政核心】任何物质都具有波粒二象性,人也具有"波粒二象性",或理性或感性。

【讲授方法】物质都具有波粒二象性,说明许多物质的性质都具有两种完全相反的性质。如物质的波动性是连续性的,而粒子性是非连续性的。我们也可以说,人也具有波粒二象性,即波动性和粒子性。人的喜怒哀乐、七情六欲是波动性的;而人的成功失败、悲欢离合是粒子性的、间断的。

因此,人都具有波粒二象性,或理性或感性。理性就是一个人对某一件事能够做出理智的分析和判断,头脑不会发热,做决定不冲动;而感性则是一个人对待某一件事完全凭借心情,容易感情用事,不管事情对错。然而,不同的事情有不同的处理方式,不能说一个人有理性好,也不能说一个人感性不好,这就要看事情是怎样发展的。正如于丹在《读〈庄子〉心得》中所说:"我们需要一种清明的理性,这个理性是在这个嘈杂的世界中拯救生命的一种力量。同时,我们也需要一种欢欣的感性。这种感性之心可以使我们触目生春,所及之处充满了快乐。"所以说,任何一个人都需要理性与感性并存,这样事情才会完成得更完美(图 1.4)。

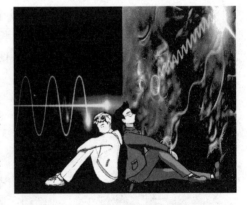

图 1.4　理性与感性并存（江庆 作）

4. 光电效应及解释——只有足够强大的人,才能让别人发光

【知识内涵】光电效应:是指在高于某特定频率的光波照射下,某些物质内部的电子会被光子激发出来而形成电流,即光生电(图1.5)。然而,这一重要而神奇的物理现象——光电效应的产生与解释,难倒了许多科学家。直到1905年,爱因斯坦成功地解释了光电效应(Photo Electric Effect),将能量量子化概念扩展到光本身。对某一特定金属而言,不是任何频率的光都能使其发射光电子。每种金属都有一个特征的最小频率(称为临界频率),低于这一频率的光线不论其强度多大和照射时间多长,都不能导致光

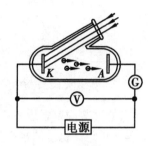

图1.5　光电效应

电效应。爱因斯坦认为,入射光本身的能量也按普朗克方程量子化,并将这一份数值为1的能量称为光子(Photon),一束光线就是一束光子流。频率一定的光子其能量都相同,光的强弱只表明光子的多少,而与每个光子的能量无关。

【思政核心】

①价值观:只有足够强大、魅力四射的人,才能让别人发射光电子,产生光电效应(图1.6)。

②成功观:思考问题、解决难题,要向爱因斯坦解释光电效应的精神学习,学会反面思考、大胆假设、广泛交流、积极验证,也一定会取得成功。

【讲授方法】光电效应,只有超过临界频率的光子照射到器件的金属表面,才能产生光电效应。这说明,只有足够强大、魅力四射的人,才能让别人发射光电子,产生光电效应。

这一重要而神奇的物理现象——光电效应的解释,许多科学家经历了很长一段时间的争论和思考后,直到1905年,爱因斯坦通过反面思考、大胆假设、广泛交流才得以成功解释。我们思考问题、解决难题,也要积极向爱因斯坦解释光电效应的方式学习,学会反面思考、大胆假设、广泛交流、积极验证,也一定会取得成功。

图1.6　贴近希望
（罗梓瑞 作）

5. 玻尔原子结构理论——站在巨人的肩膀上创新,才能成功

【知识内涵】氢原子核内只有一个质子,核外只有一个电子,它是最简单的原子。在氢原子内,这个电子在原子核外是怎样运动的呢? 这个问题表面看来似乎不太复杂,但却长期使许多科学家既神往又困扰,经历了一个生动而又曲折的探索过程。1913年,玻尔提出了氢原子结构的玻尔理论,它是在爱因斯坦的光子学说、普朗克的量子化学说、氢原子的光谱实验、卢瑟福的有核模型的基础上建立的理论。玻尔的氢原子结构的量子力学模型是基于下述3条假定:

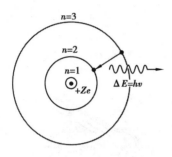

图 1.7　玻尔原子结构理论

①关于固定轨道的概念:玻尔模型认为,电子只能在若干圆形的固定轨道上绕核运动。固定轨道是指符合一定条件的轨道,这个条件是,电子的轨道角动量 L 只能等于 $\left(\dfrac{h}{2\pi}\right)$ 的整数倍:

$$L = mvr = n\frac{h}{2\pi} \tag{1.1}$$

式中 m 和 v 分别代表电子的质量和速度,r 为轨道半径,h 为普朗克常数,n 为量子数(Quantum Number),取 $1,2,3,\cdots$ 正整数。轨道角动量的量子化意味着轨道半径受量子化条件的制约,图 1.7 中示出的这些固定轨道,从距核最近的一条轨道算起,n 值分别等于 $1,2,3$。根据假定条件算得 $n=1$ 时允许轨道的半径为 53 pm,这就是著名的玻尔半径。

②关于轨道能量量子化的概念:电子轨道角动量的量子化也意味着能量量子化。即原子只能处于上述条件所限定的几个能态,不可能存在其他能态。

定态(Stationary State):所有这些允许能态之统称。核外电子只能在有确定半径和能量的定态轨道上运动,且不辐射能量。

基态(Ground State):n 值为 1 的定态。通常电子保持在能量最低的这一基态。基态是能量最低即最稳定的状态。

激发态(Excited State):指除基态以外的其余定态。各激发态的能量随 n 值增大而升高。电子只有从外部吸收足够能量时才能达到激发态。

③关于能量的吸收和发射:玻尔模型认为,只有当电子从较高能态(E_2)向较低能态(E_1)跃迁时,原子才能以光子的形式放出能量(即定态轨道上运动的电子不放出能量),光子能量的大小取决于跃迁所涉及的两条轨道间的能量差。根据普朗克关系式:

$$\Delta E = hv \tag{1.2}$$

该能量差与跃迁过程产生的光子的频率成正比。如果电子由能量为 E_1 的轨道跃至能量为 E_2 的轨道,显然应从外部吸收同样的能量。

【思政核心】
①成功观:站在巨人的肩膀上,善于学习,善于总结,大胆创新(图 1.8)。

②辩证否定,善于扬弃:既批判又继承,既克服消极因素,又保留积极因素。

③发展观:人接受外部能量,就会从基态跃迁至激发态,就能发光放热。

【讲授方法】玻尔是在爱因斯坦的光子学说、普朗克的量子化学说、氢原子的光谱实验、卢瑟福的有核模型的基础上建立了玻尔理论,他是站在巨人的肩膀上获得的成功。我们也要学会辩证否定,善于扬弃,既批判又继承,既克服消极因素,又保留积极因素。学会站在巨人的肩膀上,善于学习,善于总结,善于提高,提出自己的观点,大胆创新。

再者,人也好比基态原子,一般不释放能量,但是,当人接受外部压力或激发时,就会从基

图 1.8　创新(江庆 作)

态跃迁至激发态,就能发光放热。

6. 原子结构模型的演变——否定之否定才是科学道路

【知识内涵】1803 年道尔顿提出第一个原子结构模型,即道尔顿实心球模型。

约瑟夫·约翰·汤姆逊(Joseph John Thompson)在 1897 年发现电子,否定了道尔顿的"实心球模型"。1904 年约瑟夫·约翰·汤姆逊提出的模型:原子是一个带正电荷的球,电子镶嵌在里面,原子好似一块"葡萄干布丁"(Plum Pudding),故名"枣糕模型"或"葡萄干蛋糕模型";或是像西瓜子分布在西瓜瓤中,所以称为"西瓜模型"。

汤姆逊的学生卢瑟福完成的 α 粒子轰击金箔实验(散射实验),否认了枣糕模型的正确性。1911 年卢瑟福提出行星模型:原子的大部分体积是空的,电子按照一定轨道围绕着一个带正电荷的很小的原子核运转。

1913 年,玻尔认为原子和核外电子不是随意占据在原子核的周围,而是在固定的层面上运动,当电子从一个层面跃迁到另一个层面时,原子便吸收或释放能量。为了解释氢原子线状光谱这一事实,玻尔在行星模型的基础上提出了核外电子分层排布的原子结构模型,这就是玻尔量子化模型。

20 世纪 20 年代以来,现代原子模型,即电子云模型或称波动力学模型,电子绕核运动形成一个带负电荷的云团,具有波粒二象性的微观粒子在一个确定时刻其空间坐标与动量不能同时测准,这是德国物理学家海森堡在 1926 年提出的著名的测不准原理。电子云模型是迄今最成功的原子结构模型,它是 20 世纪 20 年代以海森堡和薛定锷为代表的科学家们通过数学方法处理原子中电子的波动性而建立起来的。该模型不但能够预言氢的发射光谱(包括玻尔模型无法解释的谱线),而且也适用于多电子原子,从而更合理地说明核外电子的排布方式。原子结构模型的历史演变如图 1.9 所示。

(a)道尔顿实心球模型　(b)汤姆逊枣糕模型　(c)卢瑟福行星模型　(d)玻尔量子化模型　(e)电子云模型

图 1.9　原子结构模型的历史演变

【思政核心】科学的道路是坎坷的,是否定之否定的,是一步接一步接近真理的,而不是一蹴而就的(图 1.10)。

【讲授方法】原子结构模型从 1803 年道尔顿提出的第一个实心球模型到 20 世纪 20 年代以海森堡和薛定锷为代表的科学家们提出的电子云模型,经历了一百多年的发展,并经历了"汤姆逊枣糕模型""卢瑟福行星模型"和"玻尔量子化模型"三个假设模型。由此说明,科学的道路是坎坷的,是否定之否定的,是一步步接近真理的,而不是一蹴而就的。

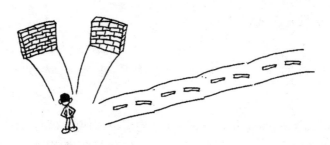

图1.10　否定之道（罗梓瑞 作）

7. 原子轨道的能级——遵循总体布局规律,才能稳定和谐发展

【知识内涵】在大量的光谱数据以及某些近似的理论计算的基础上,美国化学家鲍林提出了多电子原子的原子轨道近似能级图,图1.11中的能级顺序是:电子的排列是按照从低到高的能级顺序在核外依次排布的,即电子总是先排在能级(能量)较低,离核较近的轨道上,排满后再依次向外排。

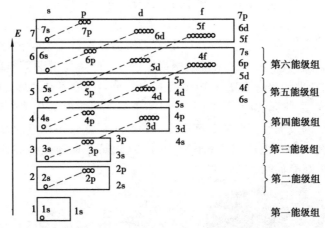

图1.11　多电子原子的原子轨道近似能级图

【思政核心】一个国家、集体或家庭,各个成员也应遵循电子排布规律,各自在不同的角色/岗位上,各司其职,各尽其责,才能稳定和谐发展。

【讲授方法】原子核外的电子排布规律是:电子总是先排在能级(能量)较低,离核较近的轨道上,排满后再依次向外排。同样,一个社会、一个集体和一个家庭,各个成员也应遵循电子排布规律,即各自在不同的角色/岗位上,由内到外,各司其职,各尽其责,才能稳定和谐,协调发展。

8. 屏蔽效应——只有解放思想、抓住机遇,才能互助共赢、互相成就

【知识内涵】对一个指定的电子而言,它会受到来自内层电子和同层其他电子负电荷的排

斥力,这种球壳状负电荷像一个屏蔽罩,引起有效核电荷的降低,削弱了核电荷对该电子的吸引作用,这种作用称为屏蔽作用或屏蔽效应。由于屏蔽效应的存在,导致了能级交错现象。

图 1.12 抓住机遇
(罗梓瑞 作)

【思政核心】在社会发展过程中,我们要尽可能避免屏蔽效应,要解放思想、大胆开放,抓住机遇,互助共赢,互相成就(图 1.12)。

【讲授方法】由于内部电子对外部某一电子的排斥作用而削弱了原子核对该电子的吸引力,这种现象称为屏蔽效应。也就是说,屏蔽效应类似于地方保护主义,由于对外来事物的排斥作用,不愿意接受外来人和外来事,将其排斥在外,非常不利于发展。在发展过程中,我们要尽可能避免屏蔽效应,我们要解放思想、大胆对外开放,抓住发展机遇,互助共赢,互相成就。美国单边主义就是典型的商业屏蔽现象,其后果是损人不利己。国际上,凡是闭关锁国、不对外开放的国家都是贫穷落后的国家。

9. 钻穿效应——钻穿精神是科学发展的真谛

【知识内涵】钻穿效应(Penetration Effect)指外部电子进入原子内部空间,受到核的较强的吸引作用(图 1.13)。在原子核附近出现的概率较大的电子,可更多地避免其余电子的排斥,受到核吸引较强的电子更靠近核。这种进入原子内部空间的钻穿效应可以使能级降低。

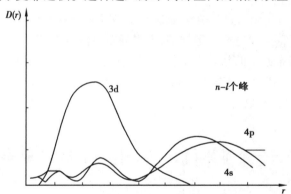

图 1.13 4s、3d 和 4p 的径向分布函数图

【思政核心】要有科学家攻坚克难的检查精神,才能获得科学的真谛。

【讲授方法】钻穿效应指外部电子进入原子内部空间,受到核的较强的吸引作用。人要有钻穿精神,就像电子要有钻穿效应一样,虽然排在较外层,离核较远,但要克服斥力,钻进电子云内部空间,从而受到原子核较强的吸引作用。原子核就好比科学真理,攻坚克难就是钻穿精神,要有很强的钻穿精神才能发现科学真理,每一位科学家都有很强的钻穿精神。

10. 构造原理——规则意识,不以规矩不能成方圆

【知识内涵】基于原子光谱实验和量子力学理论,基态原子的核外电子排布服从构造原理(Building Up Principle)。构造原理是指原子建立核外电子层时遵循的规则(图1.14),包括最低能量原理(Aufbau Principle)、泡利不相容原理(Pauli Exclusion Principle)和洪德规则(Hund's Rule)。

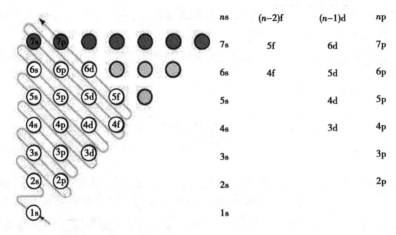

ns	$(n-2)f$	$(n-1)d$	np
7s	5f	6d	7p
6s	4f	5d	6p
5s		4d	5p
4s		3d	4p
3s			3p
2s			2p
1s			

图1.14 各能级按能量的差异分成能级组

【思政核心】任何事都必须遵守一定规则,不以规矩不能成方圆。

【讲授方法】任何基态原子的核外电子排布都遵循:最低能量原理、泡利不相容原理和洪德规则。做任何事都必须满足一定规则,合规合法,才能合理稳定存在。所谓党有党纪、国有国法、校有校规、家有家规,不以规矩不能成方圆。

11. 最低能量原理——处事原则,只有利国利民,才能安邦定国

【知识内涵】电子总是优先排布在能量最低的轨道上,占满后,才依次进入能量较高的轨道,这个规律称为最低能量原理。

【思政核心】

①水往低处流,人往利边行(图1.15)。

②只有利国利民,才能安邦定国。

【讲授方法】核外电子排布首先要遵循最低能量原理,也就是,电子总是优先占据在能量最低、离核最近的轨道,占满后,才依次进入能量较高的轨道。就如同水往低处流,人往利边行。只有做利国利民的事情,才能安邦定国、深得民心。

图1.15 趋利如流水

12. 泡利不相容原理——世界上没有两个完全相同的人

【知识内涵】泡利不相容原理:同一原子中不存在运动状态完全相同的两个电子,或者说同一原子中不存在四个量子数完全相同的电子。

【思政核心】

①人不能东施效颦,可以效仿,但必须保持自我,发扬特色。

②找工作、找朋友、不可能绝对完美。

【讲授方法】在同一原子中,不存在运动状态完全相同的电子。同理,世界上没有完全相同的两片树叶;世界上没有完全相同的两个人,每一个人都有自己的特点。所以人不能太追求完美,也不能东施效颦,必须保持自我,发扬特色。同样,找工作、找朋友、不可能绝对完美,心满意足,因为任何事物都有不完美之处。

13. 洪德规则——各买各的票,各走各的道

【知识内涵】核外电子排布在等价轨道时,总是尽可能先分占不同轨道上,且自旋平行。这个规律被称为洪德规则。

【思政核心】

①各买各的票,各走各的道,才能井然有序,稳定和谐(图 1.16)。增强法治意识,树立法治观念。

图 1.16　各走各的道路(罗梓瑞 作)

②与人打交道,一定要保持安全距离,保护你我他。

【讲授方法】在等价轨道的电子也有空间安全感需求,总是尽可能先分占不同轨道上,且自旋平行,保持能量最低。心理学研究表明,人也有很强的空间安全感需求,也就是当公交车上空位置很多时,上车的人总会先分坐在不同排的位子上,且保持间隔距离。因此,与人打交道时,一定要保持安全距离,保护自己。另外,人也要各买各的票,各走各的道,才能井然有序,稳定和谐。

14. 门捷列夫发明元素周期表——锲而不舍的科学研究精神

【知识内涵】俄国化学家门捷列夫于1869年发明元素周期表。18世纪的科学家们发现的元素就有30多种,到了19世纪,被发现的元素种类已经达到了54种。越来越多的元素被科学家们发现,但是这些元素之间又有什么联系呢? 这个问题一直困扰着俄国的科学家门捷列夫。门捷列夫一直想通过自己所学的知识找出化学元素之间的联系,很多次都失败了。但是,门捷列夫没有放弃,有一天,他将当时已知元素的元素符号、原子量、元素性质,写在一张张小卡片上,像"玩扑克牌"游戏一样,进行反复排列比较,这让多年从事化学研究的老专家有一种"醍醐灌顶"的感觉。经过无数次尝试后,门捷列夫于1869年发明了世界上第一张元素周期表(图1.17)。元素周期表揭示了一个非常重要而有趣的规律:元素的性质,随着原子量的增加呈周期性的变化,但又不是简单的重复。门捷列夫根据这个规律,不但纠正了一些有错误的原子量,还为元素周期表留出的空白,先后预言了15种以上的未知元素的存在。可喜的是,由他预言的元素,有3个元素在他还在世的时候,就被发现了。

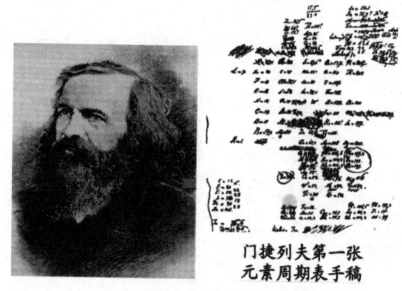

图1.17 门捷列夫与他编制的第一张元素周期表

【思政核心】
①学习和科学研究,只有"锲而不舍、持之以恒",才能"精诚所至、金石为开"。
②第一张元素周期表具有"结构美、残缺美"。

【讲授方法】无论元素周期律是否被发现,化学元素的规律就在那里,未曾改变。门捷列夫寻找元素性质的规律、发明元素周期表,可谓"锲而不舍、日思梦想,精诚所至、金石为开"。我们学习和研究,也需要"锲而不舍、持之以恒"的精神,才能"精诚所至、金石为开",取得最终的成功。

第一张元素周期表具有"结构美、残缺美"。这些"结构美、残缺美"又促使了许多新的化学元素被发现,奠定了现代化学中元素与物质性质的理论基础。

15. 镧系收缩效应——只有收缩惰性和欲望,才能患难共生共处

　　【知识内涵】镧系(内过渡元素)中相邻元素的半径之间差值非常小(图1.18),对于其他周期相邻元素来说是收缩的,因此被称为镧系收缩(Lanthanide Contraction)。由于镧系元素的电子逐个填加在外数第三层,增加的电子对原来最外层上电子的屏蔽很强,有效核电荷增加甚小。镧系收缩效应导致:同族过渡元素性质极为相似,导致在自然界共生,分离困难。

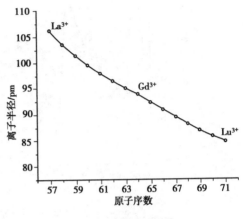

图 1.18　离子半径收缩

　　【思政核心】人也需要收缩惰性和欲望,树立共同目标,才能建立共生难分的亲情、友情和爱情。

　　【讲授方法】镧系收缩效应导致:同族过渡元素性质极为相似,导致在自然界共生,分离困难。由此可见,朋友之间、夫妻之间,团队成员之间,也需要有镧系收缩效应,收缩自己的欲望和惰性,树立共同目标,才能建立共生难分的情感。

16. 电离能——电离能小,淡泊物质利益,乐于助人,朋友多

　　【知识内涵】电离能(Ionization Energy)是基态气体原子失去电子变为气态阳离子(即电离),必须克服核电荷对电子的引力而所需要的能量,单位为 $kJ \cdot mol^{-1}$。电离能涉及分级概念。基态气体原子失去最外层一个电子成为气态 +1 价离子所需的最小能量称为第一电离能(图1.19),再从正离子相继逐个失去电子所需的最小能量则称为第二、第三电离能。各级电离能符号分别用 I_1、I_2、I_3 等表示,它们的数值关系为 $I_1 < I_2 < I_3$。因为从正离子电离出电子比从电中性原子电离出电子难得多,而且离子电荷越高,电离越困难。在元素周期表中,左下角元素电离能大,金属铯 Cs 元素最大。

　　【思政核心】“电离能”小,淡泊物质利益,乐于助人,“亲和势”高,结识的朋友多。

　　【讲授方法】电离能是基态气体原子失去电子变为气态阳离子所需要的能量。原子的电离能越小,原子核束缚电子的能力越小,给电子能力就越强,越容易与其他异性离子生成稳定的离子化合物。同理,淡泊物质享乐的人,“电离能”小,束缚自己钱财的欲望小,乐于助人,“亲和势”高,结识的朋友多。

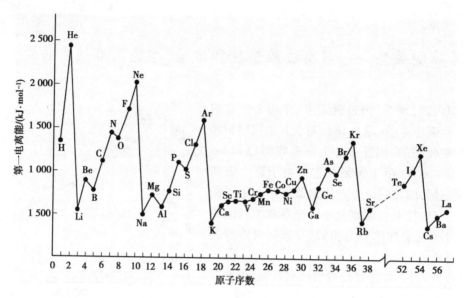

图 1.19　原子序数与第一电离能图

17. 电子亲和势——和蔼可亲,朋友多

【知识内涵】电子亲和势是指一个气态原子得到一个电子形成负离子时放出或吸收的能量。元素的第一电子亲和势为正值表示放出能量,为负值表示吸收能量。元素的电子亲和势越大,原子获取电子的能力越强,即非金属性越强。在元素周期表中,右上角的元素电子亲和势较大(图 1.20)。

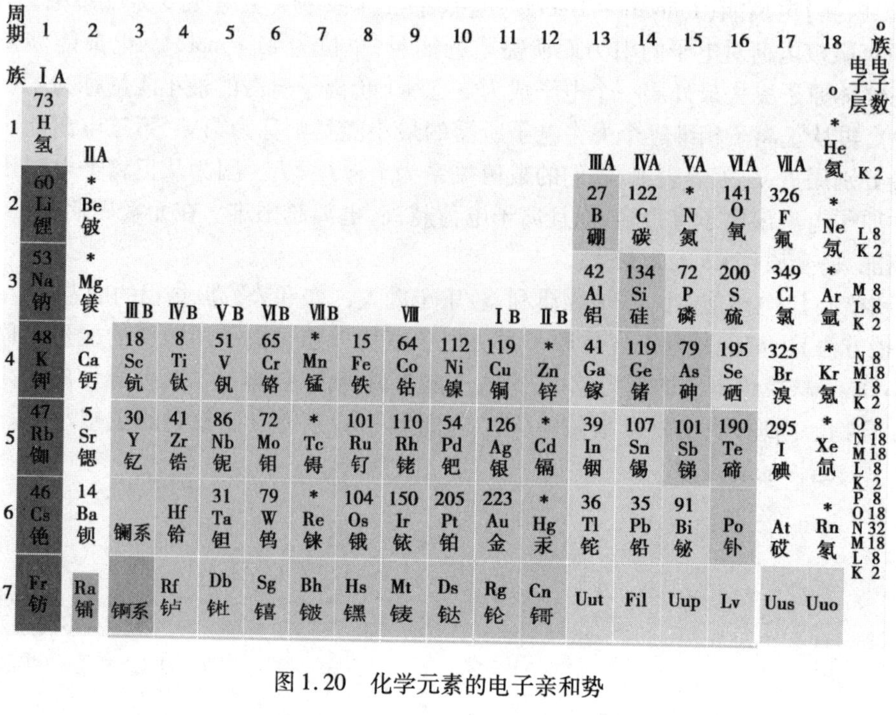

图 1.20　化学元素的电子亲和势

【思政核心】和蔼可亲的人,更容易结识朋友,更容易获得别人的帮助。

【讲授方法】元素的电子亲和势越大,原子吸引其他原子的电子的能力越强。也就是说,电子亲和势就好比人的亲和性,一个人越和蔼可亲,就越容易吸引周围的人,也越容易结识朋友,越容易获得别人的帮助。

18. 电负性——人格魅力越大,真诚友谊越多

【知识内涵】电负性,是指元素的原子在化合物中吸引电子的能力。元素的电负性越大,表示其原子在化合物中吸引电子的能力越强。电负性综合考虑了电离能和电子亲和能,首先由莱纳斯·卡尔·鲍林(Linus Carl Pauling)于 1932 年引入电负性的概念,用来表示两个不同原子间形成化学键时吸引电子能力的相对强弱,是元素的原子在分子中吸引共用电子的能力(图 1.21)。元素周期表中,右上角元素的电负性较大,氟元素电负性最大。

Pauling Scare

	1	2											13	14	15	16	17	18
1	H 2.20																	He
2	Li 0.98	Be 1.57											B 2.04	C 2.55	N 3.04	O 3.44	F 3.98	Ne
3	Na 0.93	Mg 1.31											Al 1.61	Si 1.90	P 2.19	S 2.58	Cl 3.16	Ar
4	K 0.82	Ca 1.00	Sc 1.36	Ti 1.54	V 1.63	Cr 1.66	Mn 1.55	Fe 1.83	Co 1.88	Ni 1.91	Cu 1.90	Zn 1.65	Ga 1.81	Ge 2.01	As 2.18	Se 2.55	Br 2.96	Kr 3.00
5	Rb 0.82	Sr 0.95	Y 1.22	Zr 1.33	Nb 1.6	Mo 2.16	Tc 1.9	Ru 2.2	Rh 2.28	Pd 2.20	Ag 1.93	Cd 1.69	In 1.78	Sn 1.96	Sb 2.05	Te 2.1	I 2.66	Xe 2.60
6	Cs 0.79	Ba 0.89	*	Hf 1.3	Ta 1.5	W 2.36	Re 1.9	Os 2.2	Ir 2.20	Pt 2.28	Au 2.54	Hg 2.00	Tl 1.62	Pb 1.87	Bi 2.02	Po 2.0	At 2.2	Rn 2.2
7	Fr 0.7	Ra 0.9	**	Rf	Db	Sg	Bh	Hs	Mt	Ds	Rg	Cn	Uut	Fl	Uup	Lv	Uus	Uuo

*	La 1.1	Ce 1.12	Pr 1.13	Nd 1.14	Pm 1.13	Sm 1.17	Eu 1.2	Gd 1.2	Tb 1.1	Dy 1.22	Ho 1.23	Er 1.24	Tm 1.25	Yb 1.1	Lu 1.27
**	Ac 1.1	Th 1.3	Pa 1.5	U 1.38	Np 1.36	Pu 1.28	Am 1.13	Cm 1.28	Bk 1.3	Cf 1.3	Es 1.3	Fm 1.3	Md 1.3	No 1.3	Lr 1.3

图 1.21　原始鲍林电负性表

【思政核心】人格魅力越大,吸引力越强,结成好友越真诚。

【讲授方法】元素的电负性越大,吸引电子的能力越强,共价键越稳定。同样道理,一个人的人格魅力就好比电负性,人格魅力越大,吸引力越强,结成好友越真诚、越稳定。

第 2 章
化学键理论与人生哲理

19. 离子键理论——只有壮大自己,增强吸引力,才能找到知己

【知识内涵】离子键(Ion Bond)是指由正、负离子依靠静电引力结合的化学键(图 2.1)。离子键的特点为无方向性、无饱和性。离子键的配位数:一个离子周围最紧密相邻的异号离子的数目主要取决于离子半径比 r^+/r^-。

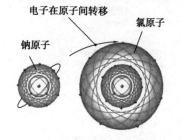

电子在原子间转移
氯原子
钠原子

图 2.1 离子键

【思政核心】只有用知识和真诚壮大自己,增强吸引力,才能找到知己。

【讲授方法】离子键——由正、负离子依靠静电引力结合的化学键。离子所带电荷越高,晶格能越大,离子键越强,晶体越稳定,熔沸点越高,硬度就大。同样道理,恋人之间、朋友之间、夫妻之间,也是靠相互之间的吸引和倾慕结合在一起的。相互之间的吸引力越大,结合越紧密、越稳定。若仅仅靠一方的吸引力,一厢情愿、孤掌难鸣,不可能紧密和稳定。因此,我们只有用知识和真诚壮大自己,增强吸引力,才能找到知己。

20. 共价键理论——有福同享有难同当,才是患难朋友

【知识内涵】共价键(Covalent Bond)是原子间通过共用电子对所形成的电性作用。其本质是原子轨道重叠后,高概率地出现在两个原子核之间的电子与两个原子核之间的电性作用。共价键既有方向性,又有饱和性。共价键的键参数包括:键能、键长、键角。共价键可分为极性共价键和非极性共价键两种。

【思政核心】有福同享有难同当,才是患难朋友(图 2.2)。

【讲授方法】共用电子对就好比两个人之间有共同爱好,而共价键

图 2.2 共价共生
(罗梓瑞 作)

就好比两个人之间,依靠共同爱好、共同目标成为好朋友。他们既有方向性,也有饱和性,也就是有很强的选择性,不是与谁都可以成为有共同爱好、共同目标的朋友。比如篮球队员之间很容易成为朋友,书法家之间也很容易成为朋友,各个领域的专业人士很容易成为朋友。只要你在某个领域有专攻专长,你就会结识这个领域的很多朋友。因此,人与人之间,依靠共同爱好、共同目标成为好朋友。

21. 杂化轨道理论——让一步海阔天空,退一尺大道通途

【知识内涵】价键理论成功地解释了共价键的本质和特性,可以说明一些简单分子的内部结构,但在阐明多原子分子的几何构型时遇到了困难。为了解释多原子分子的几何构型,鲍林和斯莱特在 1931 年提出了杂化轨道理论。杂化轨道理论就是在形成多原子分子的过程中,中心原子的若干能量相近的原子轨道重新组合,形成一组新的轨道,这个过程称为轨道的杂化,产生的新轨道称为杂化轨道(图 2.3)。

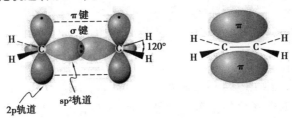

图 2.3　杂化轨道

【思政核心】当目标或意见不同时,应该互相让步,折中处理,达成新的目标和意见,是解决问题的最佳方案。让一步海阔天空,退一尺大道通途。

【讲授方法】杂化轨道理论就是在形成多原子分子的过程中,中心原子的若干能量相近的原子轨道重新组合,形成一组新的轨道。同理,我们在征求意见、讨价还价时,都不自觉地遵循了杂化轨道理论。也就是说,我们找到相近的观点和意见,互相让步、折中处理而重新组合,达成新的目标和意见。比如我们出去春游,有的同学提出走远一点,有的同学说就在周边,最好将意见折中杂化,找一个不近不远、距离适中的地方。让一步海阔天空,退一尺大道通途。

22. σ 键与 π 键——不求头碰头重叠,但求肩并肩作战

【知识内涵】原子轨道沿键轴(两原子核间连线)方向以"头碰头"方式重叠所形成的共价键称为 σ 键。形成 σ 键时,原子轨道的重叠部分关于键轴呈圆柱形对称,沿键轴方向旋转任意角度,轨道的形状不改变(图 2.4)。由于形成 σ 键时成键原子轨道沿键轴方向重叠,达到了最大程度的重叠,所以 σ 键的键能大,稳定性高。原子轨道垂直于键轴以"肩并肩"方式重叠所形成的化学键称为 π 键(图 2.4)。形成 π 键时,原子轨道的重叠部分对等地分布在键轴平面的上下两侧,形状相同,符号相反,呈镜像对称。π 键的原子轨道未达到最大程度的重叠,所以 π 键的键能较 σ 键小,稳定性较差。若分子中同时存在 π 键和 σ 键时,首先是 π 键断裂而

发生反应。

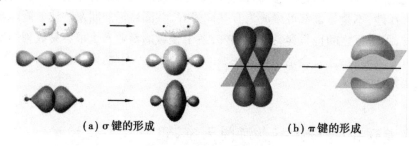

(a) σ键的形成   (b) π键的形成

图2.4　σ键和π键的形成

【思政核心】不求"头碰头"重叠，但求"肩并肩"作战。

【讲授方法】形成σ键时，原子轨道沿键轴方向最大限度地重叠形成化学键，故键能大，稳定性高。形成π键时，原子轨道垂直于键轴，以"肩并肩"方式重叠形成的化学键，其键能不如σ键大。如果我们不能像σ键那样"头碰头"重叠，也要像π键那样"肩并肩"作战。因为我们都是共价键，都是同一条战线上的人。

23. 金属键理论——我是革命一块砖，哪里需要往哪搬

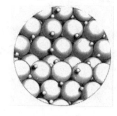

图2.5　金属键

【知识内涵】金属键（Metallic Bond）是由自由电子及排列成晶格状的金属离子之间的静电吸引力组合而成的化学键，主要存在于金属中（图2.5）。由于金属键中的电子可自由运动，故金属键无方向性、无饱和性。金属键有金属的很多特性。例如：一般金属的熔点、沸点随金属键强度的增强而升高。金属键的强弱通常与金属离子半径成逆相关，与金属内部自由电子密度成正相关。

【思政核心】人也要像金属键中的电子一样，不管移动到哪里，都发挥一样的作用。我是革命一块砖，哪里需要往哪搬。

【讲授方法】金属键是排列成晶格的金属离子及自由电子之间，依靠静电吸引力而形成的化学键。金属键中的金属离子和自由电子就好比森林中的大树和野兔，野兔可以在森林中的大树周围随意活动觅食，构成一个和谐的生命画卷。人也要像金属键中的电子一样，不管移动到哪里，都发挥一样的作用，如同革命一块砖，哪里需要往哪搬。

24. 分子间作用力——君子之交淡如水

【知识内涵】分子间作用力，又称范德华力（Van der Waals Force），是存在于中性分子或原子之间的一种弱的电性吸引力（图2.6）。分子间作用力有三种来源：①取向力：极性分子的永久偶极矩之间的相互作用。②诱导力：一个极性分子使另一个分子极化，产生诱导偶极矩并相互吸引。③色散力：分子中电子的运动产生瞬时偶极矩，它使邻近分子瞬时极化，后者又反过来增强原来分子的瞬时偶极矩。这种相互耦合产生净的吸引作用，这三种力的贡献不同，通常

第三种作用的贡献最大。分子间作用力只存在于分子
（Molecule）与分子之间或惰性气体（Noble Gas）原子（Atom）
间的作用力，具有加和性，属于次级键。

【思政核心】君子之交淡如水。

【讲授方法】范德华力是中性分子或原子之间的一种弱
的电性吸引力。友情就像范德华力，高雅纯净，清淡如水，可
谓"君子之交淡如水"。

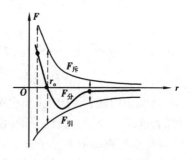

图 2.6　分子间作用力与分子
间距离的变化图

25. 氢键——束缚也是一种爱

【知识内涵】氢原子与电负性大的原子 X 以共价键结合，若与电负性大、半径小的原子 Y
（O、F、N 等）接近，在 X 与 Y 之间以氢为媒介，生成 X—H…Y 形式的一种特殊的分子间或分
子内相互作用，称为氢键（图 2.7）。X 与 Y 可以是同一种类分子，如水分子之间的氢键；也可
以是不同种类分子，如一水合氨分子（$NH_3 \cdot H_2O$）之间的氢键。氢键不同于范德华力，它具有
饱和性和方向性。氢键广泛存于与自然界，存在于蛋白质、DNA、高分子材料之间。

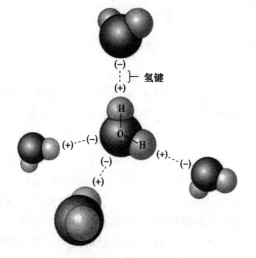

图 2.7　氢键形成示意图

图 2.8　束缚也是一种爱
（江庆 作）

【思政核心】束缚也是一种爱（图 2.8）。

【讲授方法】氢键就是在电负性较大的两原子之间以氢原子为媒介，生成 X—H…Y 形式
的一种特殊的分子间或分子内相互作用。氢键就是一种束缚，为了双方共同发展，结伴而行，
从而发挥更大的作用，任何一方破坏氢键，整个物质的性质都发生变化，甚至恶化不可控。由
此可见，氢键是一种束缚，今天的束缚是为了明天更好地解放，束缚也是一种爱。

26. 极性分子——诱导力越大，领导力就越强

【知识内涵】分子中正负电荷中心不重合，从整个分子来看，电荷的分布是不均匀的，不对称的，这样的分子为极性分子（图2.9）。以极性键结合的双原子分子一定为极性分子，极性键结合得高度对称的多原子分子，如CH_4不是极性分子。极性分子与极性分子之间存在色散力、诱导力和取向力三种；极性分子与非极性分子之间存在色散力和诱导力两种；而非极性分子与非极性分子之间主要存在色散力一种。

图 2.9　HCl 分子的极性示意图

【思政核心】人的诱导力越大，领导力就越强，组织领导的团队就越紧密、越有战斗力。

【讲授方法】分子的正负电荷中心不重合，电荷分布不均匀、不对称的分子为极性分子。因此，极性分子对其他分子具有较强的色散力、诱导力和取向力。同样道理，一个人的影响力好比一个分子的极性，影响力越大，极性越大，组织和引导别人的能力就越强，形成的机构和团队就越紧密，战斗力也越强。

27. 相似相溶原理——物以类聚、人以群分，志同道合，泰山移

【知识内涵】"相似相溶"是指溶质与溶剂在结构、性质上相似性越大，那么溶质与溶剂彼此互溶就越好，即"极性分子易溶于极性溶剂中，非极性分子易溶于非极性溶剂中"。相似相溶规律中的"相似"包括溶质、溶剂的分子结构、分子间作用力的类型和大小及其偶极矩等性质。例如，水和乙醇可以无限制相互混溶，煤油与乙醇只是有限度地相互溶解，而水和煤油几乎完全不相溶。其原因是水和乙醇的分子都是由一个羟基与一个小的原子或原子团结合而成，其结构很相似，分子间都能形成氢键，因此能无限制地混溶。无疑，随着醇分子中烃基的增大，它与水分子结构上的相似程度降低，醇在水中的溶解度也将随之减小。煤油主要是分子中含有 8~16 个碳原子的烷烃的混合物，因乙醇分子中含有一个烷烃的烃基，结构上有相似之处，它们能互溶，但乙醇分子中含有一个非极性的烃基与一个极性较强的羟基。因此，它们的相互溶解是有一定限度的。水的分子结构与煤油毫无相似之处，故煤油不溶于水。

【思政核心】物以类聚、人以群分，志同道合，泰山移。

【讲授方法】自然界的一切事物都满足"相似相溶"原理。同样，朋友、团队成员之间，总是兴趣爱好相似、人生观价值观相似、理想信念相同的人，可以成为好朋友，成为创新和革命的先锋。物以类聚、人以群分，志同道合，泰山移（图2.10）。

图 2.10　物以类聚（罗梓瑞 作）

第 **3** 章
化学热力学基础与人生哲理

28. 化学热力学——能高、熵高、焓大，则热高、光强、贡献大

【知识内涵】化学热力学是研究化学变化的方向和限度及其变化过程中能量的相互转换所遵循的规律的科学。化学热力学是一门宏观科学，研究方法是热力学状态函数的方法，不涉及物质的微观结构。

【思政核心】一个人内能高、自由能高、情商（熵）高、智商（熵）高、涵（焓）养好，则热量高、发光强，对社会的贡献大（图3.1）。

【讲授方法】化学热力学是一门宏观科学，研究方法不涉及物质的微观结构。人对社会的贡献就好比热力学，也是一个宏观评价，他的政治方向、创造的价值可以表征他对社会做出的贡献。我们只有正向反应，发光发热，才能对社会做出最大贡献。

图 3.1 点亮社会
（罗梓瑞 作）

29. 系统与环境——倡导合作共赢，努力构建人类命运共同体

【知识内涵】热力学把所研究的对象称为系统（System），在系统之外但与系统有互相影响的其他部分称为环境（Surrounding）。与环境之间既有物质交换又有能量交换的系统称为开放系统（Open System）；与环境之间只有能量交换而没有物质交换的系统称为封闭系统（Closed System）；与环境之间既没有物质交换也没有能量交换的系统称为孤立系统（Isolated System）。生命系统可以认为是复杂的化学开放系统，能与外界进行物质、能量、信息的交换，结构整齐有序。

【思政核心】

①一个国家，只有改革开放，与外界进行物质、能量、信息的交换，才能建设成为一个欣欣向荣、繁荣昌盛的国家。

②系统与环境之间，倡导合作共赢，努力构建人类命运共同体（图3.2）。

图3.2 合作共赢
（罗梓瑞 作）

【讲授方法】一个国家也是一个系统，一个开放的国家就是一个开放系统，与其他国家之间既有物质交换又有信息交换。相反，一个闭关锁国的国家就是一个孤立系统，与其他国家之间既没有物质交换也没有信息交换。因此，一个国家一定要改革开放，与其他国家进行物质、能量、信息的交换，才是一个欣欣向荣、生生不息的国家。系统和环境之间，倡导合作共赢，努力构建人类命运共同体。

30. 状态函数——人要善于了解自己，乐于解剖自己，才能自知者明

【知识内涵】系统的状态是系统的各种物理性质和化学性质的综合表现。系统的状态可以用压力、温度、体积、物质的量等宏观性质进行描述，当系统的这些性质都具有确定的数值时，系统就处于一定的状态，这些性质中有一个或几个发生变化，系统的状态也就可能发生变化。在热力学中，把这些用来确定系统状态的物理量称为状态函数（State Function），主要有内能、焓、熵、吉布斯自由能等。它们具有下列特性：

①状态函数是系统状态的单值函数，状态一经确定，状态函数就有唯一确定的数值，此数值与系统到达此状态前的历史无关。

②系统的状态发生变化，状态函数的数值随之发生变化，变化的多少仅取决于系统的始态与终态，与所经历的途径无关。无论系统发生多么复杂的变化，只要系统恢复原态，则状态函数必定恢复原值，即状态函数经循环过程，其变化必定为零。

【思政核心】人的状态函数是喜怒哀乐；人的本性有美与丑、善与恶。我们要善于了解自己，乐于解剖自己，才能自知者明（图3.3）。

图3.3 自我认知（罗梓瑞 作）

【讲授方法】用来确定系统状态的物理量称为状态函数。人的状态函数是喜怒哀乐；人的本性有美与丑、善与恶。我们要善于认清自己、了解自己，乐于解剖自己，才能知人者智、自知者明。

31. 能量守恒定律——人的时间和精力也守恒，这方面多了，那方面就少了

【知识内涵】能量守恒定律：能量具有各种不同形式，它能从一种形式转化为另一种形式，从一个物体传递给另一个物体，但在转化和传递的过程中能量的总值不变。

【思政核心】人的时间和精力也是守恒的，这方面多了，那方面就少了，此消彼长（图3.4）。

【讲授方法】能量在转化和传递的过程中，能量的总值不变。人的时间和精力也是守恒的，这方面多了，那方面就少了。你在娱乐、游戏上

图3.4 此消彼长
（罗梓瑞 作）

花费时间、精力多了,则在学习、工作上的时间、精力就少了。因此,我们要合理安排自己的时间和精力,最大限度提高学习工作效率,合理进行休养生息。

32. 内能与焓——成功 = 天才 + 勤奋

【知识内涵】热力学能也称内能(U)。它是系统中物质所有能量的总和,包括分子的动能、分子之间作用的势能、分子内各种微粒(原子、原子核、电子等)相互作用的能量。内能的绝对值目前尚无法确定。在非体积功为零的条件下,封闭系统经等容过程变化,系统所吸收的热全部用于增加体系的内能。焓(H)是热力学中表征物质系统能量的一个重要状态参量。对一定质量的物质,焓定义为:

$$H = U + pV \tag{3.1}$$

式中 U 为物质的内能,p 为压强,V 为体积。化学反应的等压热效应等于系统的焓的变化。由于无法确定内能 U 的绝对值,因而也不能确定焓的绝对值。

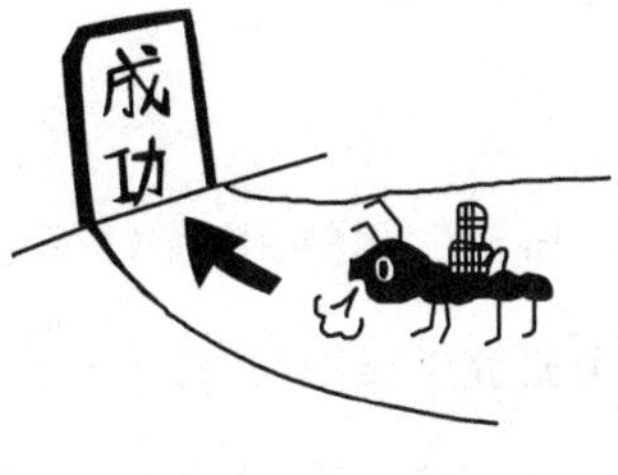

【思政核心】一个人的智商就是内能 U,勤奋就是 pV,二者之和就是成功,好比焓。成功 = 天才 + 勤奋(图 3.5)。

【讲授方法】内能 U 是物质自身所含的能量,在一定时期一般是一个比较稳定的值,就好比人的智商。但是人的勤奋就好比

图 3.5　成功之道(罗梓瑞 作)

一种物质的体积和压力之积,体积就好比人脉和情商,压力就好比理想和目标,二者的乘积与智商就是决定一个人的价值,就可决定一个人成功与否。所以,成功 = 天才 + 勤奋。

33. 化学反应热效应——人应多一些放热反应,少一些吸热反应

【知识内涵】发生化学反应时总是伴随着能量变化。在等温非体积功为零的条件下,封闭体系中发生某化学反应,系统与环境之间所交换的热量称为该化学反应的热效应,亦称为反应热(Heat Of Reaction)。在通常情况下,化学反应是以热效应的形式表现出来的,有些反应放热,被称为放热反应;有些反应吸热,被称为吸热反应。

【思政核心】一个人对集体、对社会应该多一些放热反应,多一些正能量,少一些吸热反应,少一些负能量,我们应积极向上(图3.6)。

【讲授方法】在等温非体积功为零时,封闭体系中发生某化学反应,系统与环境之间所交换的热量称为该化学反应的反应热。同理,一个人对集体、对社会应该多一些放热反应,多一些正能量,少一些吸热反应,少一些负能量。

图 3.6　积极向上就是希望
(罗梓瑞 作)

34. 盖斯定律——不管黑猫白猫,抓住老鼠就是好猫

【知识内涵】1840 年,俄国科学家盖斯在总结大量反应热效应的数据后提出了一条规律:一个化学反应不论是一步完成或是分几步完成,其热效应总是相同的。这就是盖斯定律,是热力学第一定律的必然结果,它只对等容反应或等压反应才是完全正确的。盖斯定律揭示了在条件不变的情况下,化学反应的热效应只与起始和终止状态有关,而与变化途径无关。

【思政核心】完成一件事情,不管通过何种途径,只要最终效果一样都是好样的。不管黑猫白猫,抓住老鼠就是好猫(图 3.7)。

【讲授方法】盖斯定律说明:一个化学反应不论是一步完成或是分几步完成,其热效应总是相同的。这也就是说,完成一件事情,不管通过何种途径,只要最终效果一样都是好样的。不管黑猫白猫,抓住老鼠就是好猫。比如,有的人

图 3.7 黑猫与白猫(罗梓瑞 作)

考研究生很用功,考了几次,只要考上了,就和一次成功考上的结果是一样的。

35. 自发过程与热力学第二定律——兴趣爱好是原动力

【知识内涵】在一定条件下没有任何外力推动就能自动进行的过程称为自发过程。自然界中的一切宏观过程都是自发过程。自发变化的方向和限度问题是自然界的一个根本性的问题。自发过程的共同特征是:

①一切自发变化都具有方向性,其逆过程在无外界干涉下是不能自动进行的。

②自发过程都具有做功的能力。

③自发过程总是趋向平衡状态,即有限度。

综上所述,自发过程总是单方向地向平衡状态进行,在进行过程中可以做功,平衡状态就是该条件下自发过程的极限。这就是热力学第二定律。

反应放热(焓值降低)虽然是推动化学反应自发进行的一个重要因素,但不是唯一的因素。反应系统的混乱度——熵增加是推动化学反应自发进行的另一个重要因素。

图 3.8 兴趣就是原动力
(罗梓瑞 作)

【思政核心】兴趣爱好是推动完成一件事情的原动力,是一个自发过程(图 3.8)。

【讲授方法】我们知道,在一定条件下没有任何外力推动就能自动进行的过程称为自发过程。自然界中的一切宏观过程都是自发过程。自发变化的方向和限度问题是自然界的一个根本性的问题。一个人的兴趣爱好是推动他完成一件事情的原动力,是一个自发过程。培养广

泛的兴趣爱好非常重要,因为,只要有了兴趣爱好,就有可能把事情做得非常出色。

36. 孤立系统的熵增原理——约束和自由是矛盾的对立与统一

【知识内涵】"熵"是克劳修斯提出的。1872 年波尔兹曼给出了熵的微观解释:在大量分子、原子或离子微粒系统中,熵是这些微粒之间无规则排列的程度,即系统的混乱度,用符号 S 表示,单位是 $J \cdot K^{-1}$,熵是系统的状态函数。同一物质:$S(高温) > S(低温)$,$S(g) > S(l) > S(s)$;相同条件下的不同物质:分子结构越复杂,熵值越大,$S(混合物) > S(纯净物)$。在化学反应中,由固态物质变为液态物质或由液态物质变为气态物质(或气体的物质的量增加),熵值增加。溶质溶解在溶剂中也是熵增加的过程。

【思政核心】人类社会许多自发过程也是熵增加的过程。人的学习、工作、团体活动和社会秩序都要有序进行,即为熵减少的过程。道德规范和法律制度是制约人类社会熵增加的有效途径,约束和自由是矛盾对立与统一的两个方面(图3.9)。

【讲授方法】熵是微粒之间无规则排列的程度,即系统的混乱度。自然界的许多自发过程都是熵增加的过程,即混乱度增加的过程,如溶质在溶剂中的溶解过程。人类社会许多自发过程也是熵增加的过程,如下课了,同学们四处游走;放假了,人们四处游玩都是熵增加的过程。但是,人们的学习、工作、社会秩序都要有序进行,即为熵减少的过程,因此,道德规范和法律制度是制约人类社会熵增加的有效途径。

图3.9　自由与约束
（罗梓瑞 作）

37. 热力学第三定律——完美无缺的人是不存在的

【知识内涵】热力学第三定律:在温度为 0 K,任何纯物质的完美晶体,即原子或分子的排列只有一种方式的晶体(图3.10)的熵值为零。

图3.10　完美晶体

【思政核心】
①完美无缺的人是不存在的,我们要学会接受别人的缺点。
②要使自然社会的有序性增加,就必须依靠外力,依靠规章制度、法纪法规和道德规范等

输入正能量,使整个社会井然有序。

【讲授方法】任何纯物质的完美晶体的熵值为零。也就好比任何一个完美无缺的人的智商和情商值也为零。也就是说,完美无缺的人是不存在的,人总是有这样那样的缺点(图3.11)。因此,我们要学会接受别人的缺点。另外,自然界一切自发过程都是熵(混乱度、无序性)增加的过程。要减少系统的熵,就是使其有序性增加,就必须依靠外力,依靠规章制度、法纪法规和道德规范等输入正能量,才能使整个社会井然有序。

图3.11　完美与缺失(罗梓瑞 作)

38.吉布斯自由能减少原理——人的自发变化总是向懒惰贪婪方向进行

【知识内涵】为了判断等温等压化学反应的方向性,1876年,美国科学家吉布斯综合考虑了熵和熵两个因素,提出一个新的状态函数 G ——吉布斯自由能(Gibbs Free Energy):

$$G = H - TS \tag{3.2}$$

吉布斯自由能减少原理,即自发变化总是朝吉布斯自由能减少的方向进行。

【思政核心】人的自发变化总是向懒惰贪婪方向进行,也就是正能量减少了(图3.12)。所以人都需要补充正能量。

图3.12　变化(江庆 作)

【讲授方法】自发变化总是一个吉布斯自由能减少的过程。人的自发变化总是向懒惰贪婪方向进行,如人肚子饿了、疲倦了、懒惰了都是一个自发过程,就是能量减少了。所以人这些自发过程,都需要补充能量,补充正能量。

第 **4** 章
化学反应速率和化学平衡与人生哲理

39. 化学反应的热力学与动力学——可能性和现实性是梦想的两个翅膀

【知识内涵】化学反应的发生与否需要从反应的可能性和现实性两个方面来研究。首先，反应的可能性，即化学热力学从宏观的角度研究化学反应进行的方向和限度，不涉及时间因素和物质的微观结构，包括内能 U、焓 H、熵 S。其次，反应的现实性，是化学动力学研究范畴，具体判断反应进行的快慢，即一个化学反应在给定的条件下，究竟要多长时间才能达到平衡状态，包括化学反应速率、化学平衡等。

【思政核心】要实现自己的目标和梦想，必须从可能性和现实性两个方面来考虑(图4.1)。

【讲授方法】化学反应的发生与否，需要从反应的可能性和现实性两个方面来研究。一个人要实现自己的目标或梦想，也需要从可能性和现实性两个方面来考虑。不切实际的目标和梦想，是既不可能也不现实的。树立符合自身实际的目标或梦想，才能最终实现，避免空想徒劳。可能性和现实性是梦想的两个翅膀。

图4.1　梦想与现实（罗梓瑞 作）

40. 碰撞理论：有效碰撞——只有志同道合、博闻强识的人才能碰出火花

【知识内涵】1918 年，英国科学家路易斯等从气体分子运动论的成果，提出了气体双分子反应的硬球碰撞理论(Collision Theory)。首先假设气体分子为没有内部结构的硬球，且分子之间要发生反应必须经过碰撞。此时，化学反应速率与分子间的碰撞频率有关，分子间碰撞频率越高，则反应速率就越快。根据气体分子运动论的理论计算，在通常条件下，气体分子间的

碰撞频率可达 1 029 次/(cm³·s)。假如一经碰撞就能发生反应,那么一切气体间的反应不但能在瞬间完成,而且反应速率也应该相差不大。事实上,反应物分子间的碰撞并非每次都发生反应。只有活化分子间的碰撞才能够发生反应。这种能发生化学反应的碰撞,称为有效碰撞,而活化分子就是那些能量高于平均能量的分子。起初,碰撞理论只适用于十分简单的气体反应,对于复杂反应计算误差较大,因此后来又做了空间取向修正,即:活化分子采取合适的取向进行碰撞才是有效碰撞;碰撞不能发生反应的为无效碰撞;非活化分子之间发生的碰撞和碰撞取向不适当的均为无效碰撞(图4.2)。

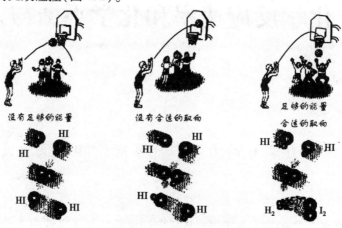

图4.2　碰撞理论

【思政核心】要成功解决一个问题,就必须经过有效思想碰撞。要达到有效思想碰撞,就必须寻找志同道合、头脑清醒、博闻强识的人在合适的时间、合适的地点进行思想碰撞(图4.3)。

图4.3　碰撞(江庆 作)

【讲授方法】碰撞理论:分子之间要发生反应必须经过碰撞,但分子经过碰撞,未必一定发生化学反应。只有能发生化学反应的碰撞,才称为有效碰撞。不能发生反应的碰撞为无效碰撞。非活化分子之间发生的碰撞和取向不适当碰撞的均为无效碰撞。人的思想碰撞、头脑风暴,就好比分子之间的碰撞,要成功解决一个问题或完成一件事情,必须经过思想碰撞。但经过思想碰撞,未必一定能成功解决一个问题。只有志同道合、头脑清醒的人之间发生的思想碰撞才能碰出火花,才是有效碰撞,才能解决一个问题。一个人希望自己每次与别人的思想碰撞都是有效碰撞,自己就必须要充分做好准备工作,如树立目标、积极向上、博闻强识,同时要寻找志同道合、头脑清醒的人在合适的时间、合适的地点进行思想碰撞,才能发生有效碰撞,才能碰出火花。

41. 活化分子——只有活泼开朗，勇于创新，才能成就大事业

【知识内涵】活化分子就是那些能量高于平均能量的分子。活化分子采取合适的取向进行碰撞才是有效碰撞。

【思政核心】人一定要做积极进步、活泼开朗、勇于创新的活化分子，才能成就大事业（图4.4）。

【讲授方法】活化分子就是那些能量高于平均能量的分子。活化分子采取合适的取向进行碰撞才是有效碰撞。人一定要做积极进步、活泼开朗、勇于创新的活化分子，才能成就大事业。

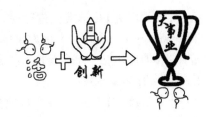

图4.4　活泼、创新、事业（卢煊 作）

42. 过渡态理论——成功在彼岸，过渡态是桥梁

【知识内涵】1935年，美国物理学家亨利·艾林（Henry Eyring）和加拿大物理化学家查尔斯·波拉尼（Charles Polanyi）等人在量子力学和统计力学的基础上提出了化学反应速率的过渡态理论（Transition State Theory）。该理论考虑了反应物分子的内部结构及运动状况，从分子角度更为深刻地解释了化学反应速率。该理论认为化学反应并不是只通过反应物分子间简单的碰撞而完成的。从反应物到生成物的转变过程中，反应物分子中的化学键要发生重排，经过一个中间过渡状态，即经过形成活化配合物的过程，然后才变成产物分子。

$$A + BC \longrightarrow A\cdots B\cdots C \longrightarrow AB + C$$

$$\text{反应物} \qquad \text{活化配合物} \qquad \text{产物}$$

在这个活化配合物中，原有的反应物分子的化学键部分地被破坏，新的生成物分子的化学键部分地形成，这是一种不稳定的中间状态，寿命很短，能很快转化为生成物分子（图4.5）。因此化学反应速率的大小取决于过渡态（活化配合物）分解为产物的分解速率的大小。

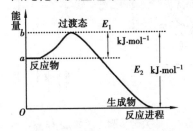

图4.5　过渡态理论的能量变化

【思政核心】一个人完成一件事情，不是一蹴而就的，必须要经过过渡态。前途是光明的，道路是曲折的，成功在彼岸，过渡是桥梁。

【讲授方法】化学反应速率的过渡态理论提出，一个化学反应，从反应物到生成物的转变过程中，反应物分子中的化学键要发生重排，经过形成活化配合物的中间过渡状态过程，然后才变成产物分子。因此化学反应的速率取决于过渡态分解为产物的分解速率。同理，一个人完成一件事情，不是一蹴而就的，必须经过过渡态。前途是光明的，道路是曲折的，成功在彼岸，过渡是桥梁。如要考研究生，就必须刻苦学习，多做模拟题；要成功出国留学，就必须通过雅思或托福等考试；要成功创业，就必须组建团队，具有核心竞争力；要成功上市，就得成功创业。

43.简单反应与复杂反应——任何成就都是复杂反应的产物

【知识内涵】化学反应进行时,反应物分子经碰撞而一步完成的化学反应称为基元反应(Elementary Reaction),又称为简单反应。但大多数化学反应的历程较复杂,反应物分子要经过几步(即经历几个基元反应)才能转化为生成物,这种由两个或者两个以上基元反应组成的化学反应称为复杂反应。

【思政核心】人生中,复杂反应多,简单反应少,只有以积极向上的心态去应对复杂反应,才能成功(图4.6)。

图4.6 积极的心态(罗梓瑞 作)

【讲授方法】一步完成的化学反应称为简单反应,需要经过几步反应才能完成的化学反应称为复杂反应。大多数反应都是复杂反应。如果说,人要做一件事情或达到一个目标就是一个反应,一步完成的"简单反应"非常少,而大多数都是需要经过几步反应才能完成的"复杂反应"。比如,考英语六级、托福、雅思、研究生等,一般需要经过培训、练习、做模拟题等多步反应,甚至考几次才能通过,达到目标。因此,人生中复杂反应多,简单反应少,只有以积极向上的心态,一步一个脚印去应对复杂反应,才能成功。

44.决速步骤——找准决速步骤、攻坚克难,才能顺利完成任务

【知识内涵】复杂反应的速率决定于组成该反应的各基元反应中速率最慢的一步,该步骤称为决速步骤(Rate Determining Step)。由于化学反应历程的复杂性和实验技术的限制,在已知的化学反应中,已完全弄清反应机理的并不多。

【思政核心】找准和集中力量攻克关键步骤、决速步骤,才能顺利达到目标、完成任务(图4.7)。

【讲授方法】人要达到一个目标,往往要经过多个步骤,其中最复杂、反应最慢的步骤是决定达成这个目标的关键,它就是决速步骤。找准和集中力量攻克关键步骤、决速步骤,才能顺利达到目标、完成任务。修一条高速公路、高速铁路,大型的桥梁隧道就是关键步骤,也就是决定这条路竣工通车的决速步骤。

图4.7 关键步骤(罗梓瑞 作)

45. 质量作用定律——热情是速度, 能力是浓度, 管理是指数

【知识内涵】在一定温度下, 基元反应的反应速率与各反应物浓度的系数次方之幂的积成正比, 乘积中各反应物浓度的幂次在数值上等于化学反应方程式中该物质的化学计量系数(只取正值), 这一规律称为质量作用定律(Law Of Mass Action)。质量作用定律是用来描述基元反应中浓度与反应速率之间的关系。

【思政核心】一个团队的成功是幂积, 热情是速度, 能力是浓度, 科学管理是指数(图4.8)。

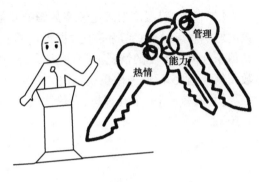

图 4.8　成功三部曲(罗梓瑞 作)

【讲授方法】质量作用定律: 在一定温度下, 基元反应的反应速率与各反应物浓度的幂次方之积成正比。同理, 一个团队完成一件事情, 完成速度与各成员的用力程度的幂次方之积成正比。也就是各成员的用力程度越大, 其速度一定越快, 并且每个成员必须共同用力。质量作用定律也是团队协作能力的规律。

46. 速率常数——人品、知识和能力决定成功的速率常数

【知识内涵】速率常数 k 表示各有关反应物浓度均为单位浓度时的反应速率。k 值与反应的本性、反应温度、催化剂等因素有关, 而与反应物的浓度(或压力)无关。

【思政核心】一个人的人品、知识和能力决定了他成功的速率常数。

【讲授方法】速率常数由反应的本性、反应温度、催化剂等因素决定, 而与反应物的浓度或压力无关。一个人的成功速率常数, 由他的人品、知识和能力等因素决定, 而几乎与他的出身、相貌、年龄等无关(图4.9)。

图 4.9　人品、知识、能力助你成功(江庆 作)

47.温度与反应速率——一个人越有温度,成功速率越大

【知识内涵】温度对反应速率的影响非常显著,温度的影响主要集中表现在对反应速率常数的影响。1884 年,范特霍夫根据大量的实验数据归纳出温度与反应速率的近似规则,即在其他条件恒定不变的情况下,温度每升高 10 K,反应速率会增大 2~4 倍。温度越高,速率常数 k 值就越大,反应速率也就越快。

【思政核心】一个有理想、有热情的人,就越有温度,速率常数就大,成功速率也就越大(图 4.10)。

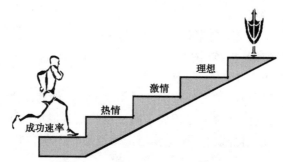

图 4.10　成功的秘诀(罗梓瑞 作)

【讲授方法】温度越高,速率常数 k 值就越大,反应速率也就越快。一个人有热情、有激情、有理想,他的速率常数就越大,成功速率也就越大。

48.催化剂——人生催化剂不可少,或你催化别人,或别人催化你

【知识内涵】催化剂是参与化学反应且能改变化学反应速率,而本身的组成、质量和化学性质在反应前后保持不变的物质。凡是能够加快反应速率的催化剂称为正催化剂,也就是我们通常所说的催化剂。凡是能够降低反应速率的催化剂称为负催化剂,例如防止塑料老化,在高分子材料中加入的添加剂就属于负催化剂。

催化剂的特征如下:

①催化剂可以改变反应机理,降低反应的活化能。但它只改变反应途径,不改变反应方向,热力学上非自发的反应,催化剂不能使之变成自发反应。

②催化剂具有特殊的选择性,不同类型的化学反应需要不同的催化剂。

③催化剂具有稳定性,是指催化剂有抵抗中毒和衰老的能力。催化剂的催化活性因某些物质的作用而剧烈降低的现象称为催化剂的中毒。

因此,良好的催化剂,必须同时具有优良的催化活性、选择性和稳定性才能在工业生产上具有应用价值。

【思政核心】

①人生也需要有催化剂,用量少、效率高、反应快,更好地成就自己。也就是别人催化你。

②一个人也要学会给别人当催化剂,只需要你一点点帮助,就可以成就别人,或让别人渡过难关。也就是你催化别人。

【讲授方法】催化剂是参与化学反应且能改变化学反应速率,而本身的组成、质量和化学性质在反应前后保持不变的物质。同样的道理,人生也需要有催化剂,用量少、效率高、反应快,更好地成就自己,就是别人催化你。一个人,也要学会给别人当催化剂,只需要你一点点帮助,就可以成就别人,或让别人渡过难关,就是你催化别人。人与人之间应互相成就(图4.11)。

图4.11　互相成就
（罗梓瑞 作）

49. 化学平衡——人生有许多平衡,找准平衡点才不会顾此失彼

【知识内涵】通常,化学反应都具有可逆性。当可逆反应进行到一定的程度时,正反应速率和逆反应速率逐渐相等,反应物的浓度和生成物的浓度就不再变化,这种宏观的静止状态就是化学平衡状态。

【思政核心】要同时完成两件事情,就必须找一个平衡点,千万不能顾此失彼(图4.12)。

【讲授方法】当可逆反应进行到一定程度,正反应速率和逆反应速率相等时,反应物的浓度和生成物的浓度就不再变化,这种宏观的静止状态就是化学平衡状态。通常,化学反应都具有可逆性。当我们同时要完成两件事情的时候,比如我们既要学好功课,又要创业,就必须找一个平衡点,千万不能顾此失彼(图4.13)。

图4.12　平衡点
（罗梓瑞 作）

图4.13　找到平衡点
（江庆 作）

50. 平衡常数——找准人生平衡常数才能两全其美

【知识内涵】一定条件下,化学反应达到平衡态,体系的组分不随时间变化,平衡体系各组分的浓度满足一定的关系,这种关系可用平衡常数来表示。

【思政核心】人在一定条件下,也要找到自己的平衡常数,才能两全其美。

【讲授方法】一定条件下,化学平衡的各组分不随时间变化,体系各组分的浓度满足一定的关系,且为一常数,即平衡常数。人在一定条件下,不能两全其美,找到自己的平衡常数非常关键。比如,一个人既要照顾家庭,也要好好工作,找准平衡常数,才能两全其美。

51. 多重平衡规则——人要学会多重平衡能力,才能成就完美人生

图 4.14 平衡
(罗梓瑞 作)

【知识内涵】如果一个总反应为两个或多个反应的总和,则总反应的平衡常数等于各分步反应的平衡常数之积:

$$K_{总}^{\theta} = K_1^{\theta} K_2^{\theta} K_3^{\theta} \cdots \tag{4.1}$$

这就是多重平衡规则。

【思政核心】找准家庭和工作、权力和公平、良心和贪婪之间的平衡常数,才能成就完美人生(图 4.14)。

【讲授方法】多重平衡规则,就是一个总反应为多个反应的总和,则总反应的平衡常数等于各分步反应的平衡常数之积。人生也是一个多重平衡,满足多重平衡规则,总的平衡常数等于各分步的平衡常数之积,而不是之和。所以把握人生的各个平衡点,找准家庭和工作、权力和公平、良心和贪婪之间的平衡点,才能成就完美人生。

52. 平衡移动原理——当平衡被破坏,要积极创造条件找到新平衡

【知识内涵】化学平衡是动态的、相对的、暂时的,一旦外界的条件(如浓度、压力、温度等)发生了变化,平衡就会遭到破坏,直到在新的条件下重新建立平衡。这种因为外界条件的改变,使可逆反应从原有的平衡转变到新的平衡状态的过程称为化学平衡的移动。所有的平衡移动都遵循勒·夏特列(Le Chatelier)原理(又称"平衡移动原理"):如果改变影响平衡体系的一个因素,平衡总是沿着能够减弱这个改变的方向移动。勒·夏特列原理是各种科学原理中使用范围最广的原理之一,除化学平衡外,还适用于物理、生物领域以及其他平衡系统。

【思政核心】当人的平衡被破坏,要积极应对,努力奋斗,克服困难找到新的平衡点,达到新的平衡(图 4.15)。

【讲授方法】平衡移动原理,如果改变影响平衡体系的一个因素,平衡将沿着能够减弱这个改变的方向移动。其实,在漫长的人生中,人的许多平衡和幸福也会被各种因素打破,我们也要积极应对,积极向减弱这种改变的方向奋斗,努力找到新的平衡点,找到新的幸福、达到新的平衡。如自然灾害、人生变故,会打破一个家庭的完整和幸福,遇到这种情况时,我们只有积极应对,努力找到新的平衡,才能创造新的幸福。

图 4.15 努力保持平衡
(江庆 作)

第**5**章
误差、数据分析处理与人生哲理

53. 误差——人生误差是允许的，但错误必须改正

【知识内涵】测量值与真实值之间的差值称为误差。测量值大于真实值，误差为正；测量值小于真实值，误差为负。在定量分析中，根据误差产生的原因和性质，可将误差分为系统误差、偶然误差，但操作过失就是错误，不能界定为误差，错误必须改正。

【思政核心】人在做事情的过程中，是允许有误差的。因为误差一般不会影响整体效果，但犯了错误就必须改正。因此，误差是不可避免的，但是错误是必须改正的(图5.1)。

【讲授方法】人在做事情的过程中，产生误差是正常的，但是误差不是错误。误差是与真实情况的微小差值，是允许存在的、可以接受的。因此，误差是可以接受的，但是错误是必须改正的。

图5.1　误差与错误
（罗梓瑞 作）

54. 正态分布规律——人生正态曲线，平常心是峰，喜悲事是谷

【知识内涵】正态分布，也称"常态分布"，又名高斯分布。正态曲线呈倒"U"形，两头低，中间高，左右对称，因其曲线呈钟形，因此又被称为钟形曲线(图5.2)。偶然误差符合正态分布规律，即离真值太大或太小的数值很少，而靠近真值的数值较多。

【思政核心】人生也符合正态分布，喜怒哀乐都是少数，大多数为平常心。

【讲授方法】人生中，喜怒哀乐都是属于正态分布曲线两端，如果喜乐为正，哀怒则为负，中间90%以上的都是平静状态。人生正态曲线，平常心是峰，喜悲事是谷。大家应正视人生的喜怒哀乐，学会控制情绪。

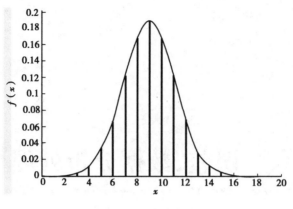

图 5.2　正态分布图

55. 真实值与测量值——科学巅峰就是真实值,只能无限接近

【知识内涵】准确度是指测量值与真实值之间接近的程度,两者越接近,准确度越高。准确度的高低用误差来表示,误差越小,表示测量值与真实值越接近,准确度越高。

图 5.3　无限接近(罗梓瑞 作)

【思政核心】真实值是科学工作者的奋斗目标,只能无限接近,很难完全达到(图 5.3)。

【讲授方法】"大学化学"作为自然科学课程,培养自然科学思维和素养。我们知道,科学技术没有最好,只有更好,只能无限接近。就拿通信工具来说,以前有传呼机,只能发汉字,不能通话;后来有 2G 手机,既可发短信,也能通话;随后的 3G 手机,功能更强大;4G 手机可以流畅地看视频、打视频电话,手机变成了一台电脑;如今已进入 5G 时代,期待 5G 时代的高科技给我们带来惊喜。

56. 有效数字——人生价值也包括准确数字和估计数字

【知识内涵】有效数字是指测量到的具有实际意义的数字,它包括所有准确数字和最后一位可疑数字。记录数据和计算结果时,确定几位数字作为有效数字,必须和测量方法及所用仪器的精密度相匹配,不可以任意增加或减少有效数字。

图 5.4　测量(罗梓瑞 作)

【思政核心】个人对社会的价值包括准确的可测价值,也包括不可测的附加价值。一个人对社会的价值,既有准确的、真实的价值,也有附加价值(图 5.4)。

【讲授方法】一个人就是一串有效数字,对社会存在一定的意义和价值,既包括准确的、真实的价值,也包括附加的、估计的价值。有些人,当他活着的时候,价值不显现、不知名,但是他去世后,其附加值就显现出来,声誉极高、价值斐然。比如书画家的书画作品,常常作者在去世后更加昂贵。

57. 可疑值的取舍——要努力做真实的自己,不要成为可疑值

【知识内涵】实际分析工作中,在一系列平行测定的数据中,常会出现过高或过低的个别数据,与其他数据相差甚远,若把这样的数据引入计算中,可能会对测定结果的精密度和准确度有较大影响,这种数据被称为可疑值或离群值。

【思政核心】

①只有学好专业,学好本领,勤于实践,才能由外行变专家。

②要努力地做真实的自己,不要成为可疑值或离群值,可疑值可能有一天就会被舍去(图5.5)。

【讲授方法】外行看一堆分析测定数据就是一堆数字,看不出好不好,看不出哪些数据有效,哪些数据无效。我们通过学习各种检验法,来考察可疑值的取舍,快速判断哪些是有效数据,哪些是无效数据,决定如何取舍甚至是否重新测定。因此,我们要学好专业,勤于实践,由外行变内行、变专家。另外,一个人要努力地做真实的自己,不要成为可疑值或离群值。

图 5.5　离群与舍去(江庆 作)

第 **6** 章
酸碱平衡和酸碱滴定法与人生哲理

58.酸碱理论的演变——科学真理的发展符合否定之否定规律

【知识内涵】1887 年,瑞典化学家阿伦尼乌斯提出了酸碱电离理论。凡是在水溶液中能够电离产生 H^+ 的物质称为酸,能电离产生 OH^- 的物质称为碱,酸碱反应的实质是 H^+ 与 OH^- 作用生成水。但是,随着科学的发展,人们发现一类物质,如碳酸钠,它不能电离产生 OH^-,但其水溶液显碱性;又如氯化铵,它不能电离产生 H^+,但其水溶液显酸性,酸碱电离理论不能解释。

随着人们对酸碱的认识越来越深入,1923 年,丹麦化学家布朗斯特和英国化学家劳瑞各自独立提出了酸碱质子理论:凡是能给出质子的物质都是酸,凡是能接受质子的物质都是碱。按照酸碱质子理论,酸是质子的给予体,酸给出质子变为它的共轭碱;碱是质子的接受体,碱接受质子后变为它的共轭酸。酸碱质子理论认为,碳酸钠能接受质子,故是碱,氯化铵中的铵根能提供质子,故是酸。但是,随着科学的发展,人们又发现一类物质,如三氯化铝、三氟化硼等既不能提供质子,也不能接受质子,但是它们也有酸性,又如何解释呢?

美国物理学家路易斯提出了酸碱电子理论。该理论认为:凡是可以接受电子对的物质是酸,凡是可以给出电子对的物质是碱。因此,酸是电子对的接受体,碱是电子对的给予体。酸碱电子理论认为,三氯化铝、三氯化铁、氟化硼能接受电子对,故是酸,被称为路易斯酸。路易斯酸碱反应的实质是配位键的形成并生成酸碱配合物,盐的概念消失了。

【思政核心】科学理论的发展是否定之否定的自然辩证过程。真理既具有绝对性,也具有相对性。任何一个科学理论都是有条件的、有局限的,不可能一步到位,只能不断进步(图6.1)。

图 6.1 攀登科学高峰
(罗梓瑞 作)

【讲授方法】我们从中学认识的酸碱电离理论,到大学认识的酸碱质子理论和酸碱电子理论,酸碱的范围不断扩大,能够解释的现象越来越多,适用的范围越来越广,定义也越来越科学。人们认识事物也是由局部到整体、由低级到高级、由不科学到更科学。比如历史上的"日心说"颠覆"地心说"。同学们,我们目前认识的世界(如大学教科书中的知识),也只是目前人们认识世界的水平,说不定不久的将来,你们就是改变这些观点(这些理论)的科学家,只要你们肯学肯干,你们的未来前途无量。

自然科学是近现代工业文明时代解决人与自然之间认识、改造关系的科技智慧,当然要通过怀疑、分析、批判、求证的方法不断探索、不断创新,不断进步。自然科学领域,前人的经验、知识仅仅是后人进一步探索的垫脚石,我们后人必须站在巨人的肩膀上,才能对前人总结的经验、积累的知识进行怀疑、批判、分析、求证,从而取得新的经验,发现新的知识,创造发明新的科学技术!因此,科学理论的发展满足否定之否定规律。

59. 酸碱的电离平衡——找准电离平衡点,不能好高骛远

【知识内涵】弱酸、弱碱是常见的弱电解质,在水溶液中仅有很少一部分电离成为离子,其电离是可逆的,存在分子和离子之间的电离平衡。

【思政核心】做人要找一个适合的平衡点,不能好高骛远、不切实际的空想,也不能自惭形秽或妄自菲薄,要活出自我,发光发热(图6.2)。

【讲授方法】弱酸弱碱虽不能像强酸强碱一样完全电离,也不是像非电解质那样不可电离,它们具有自己的酸碱电离平衡,有自己的特色,可以配制成缓冲溶液,可作为营养物质,还可以做治疗疾病的药物,非常有用。我们做人要找一个适合的平衡点,不能完全电离,不能好高骛远、不切实际的空想,也不能不电离,而自惭形秽、妄自菲薄;找准自己的位置,找到平衡点,活出自我,发光发热。

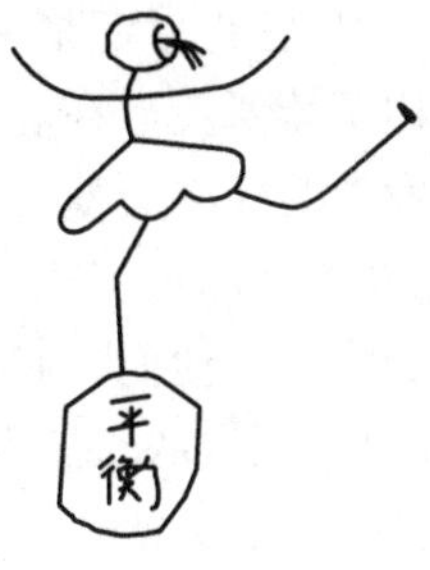

图 6.2　立足于平衡之巅
（罗梓瑞 作）

60. 缓冲溶液的性质——不急不躁,有容乃大

【知识内涵】缓冲溶液的作用,加少量酸、少量碱、少量水,其 pH 值几乎不发生改变。

【思政核心】环境改变,自身不变,有定力,有个性。做事情,不愠不火,不急不躁,有容乃大(图6.3)。

【讲授方法】做人要向缓冲溶液学习,在外界有各种力求改变你思想和阻止你做好一件事情的影响因素时,你要有很强的定力,很强的包容心和容忍力,要海纳百川。做事情,不愠不火,不急不躁,四平八稳,有容乃大。

图 6.3　有容乃大
（罗梓瑞 作）

61.酸碱指示剂的发明——科学家能从细微处发现真理

图6.4 波义耳发明石蕊指示剂
（图片来自网络）

【知识内涵】今天,我们要想知道一种溶液的酸碱性很容易,只要用酸碱指示剂一测就明白了。但你知道吗?酸碱指示剂是英国著名的化学家和物理学家波义耳偶然发现的(图6.4)。17世纪的一天早晨,一位花匠走进波义耳的书房,将一篮非常好看的深紫色的紫罗兰摆在书房里。美丽的花朵和扑鼻的清香使波义耳心旷神怡,他随手从花篮中拿了一束花就向实验室走去。实验室里,波义耳的助手正在倒盐酸。波义耳把紫罗兰放在桌子上,腾出手来给助手帮忙。淡黄色的液体冒着白色烟雾,一些酸液溅到紫罗兰上,使它也冒起烟来。"多可惜啊,别把这么好的花毁了,得赶快清洗一下。"波义耳一边说,一边把紫罗兰放在烧杯里冲洗了一下。过了一会儿,奇怪的事情发生了:紫罗兰居然变红了。紫罗兰为什么会变红呢?难道盐酸能使紫罗兰改变颜色?波义耳思考着。他对各种奇怪的现象,总喜欢刨根问底,不弄个水落石出决不罢休。为了弄清楚这个奇怪的现象,他和助手们开始做实验。他们一起取来好几种酸的稀溶液,然后把紫罗兰花瓣分别放在这些溶液中。过了些时候,同样的奇迹发生了:这些深紫色的花瓣都开始逐渐变色,先呈淡红色,不久就完全变成了红色。

波义耳由此推断,不仅盐酸,各种酸都能使紫罗兰变色。他进一步想到,碱是不是也会使紫罗兰变色?其他花草遇到酸、碱是不是也会变色呢?他带着助手们继续做实验。通过大量的实验,他发现了一种有趣的植物——石蕊,它遇酸变红,遇碱变蓝。波义耳心想:倘若把它制成一种试剂,不就可以迅速地测定溶液的酸碱性吗?于是,他把石蕊加工成酸碱指示剂,用来检测溶液的酸碱性,效果非常好,受到了化学工作者的普遍欢迎。这种酸碱指示剂是世界上最早的指示剂,虽有400多年的历史,但在化学实验中还未被广泛应用。

图6.5 细微之处见真理
（罗梓瑞 作）

【思政核心】从细微处刨根问底,就能发现科学的真理,这就是科学家的精神和素养(图6.5)。科学家常常从细微处发现科学真理。

【讲授方法】波义耳偶然间发现紫罗兰变色,从而发明了酸碱指示剂。这个故事告诉我们,做事情必须注重细微变化,而且要刨根问底,一探究竟,你就会发现奇迹、发现真理,这就是科学家的素养和精神。

62.酸碱指示剂的性质——改变自己,点亮别人

【知识内涵】能够利用自身的颜色改变来指示溶液pH值的一类物质,称为酸碱指示剂。

在酸碱滴定过程中,酸碱溶液通常不发生任何外观变化,所以需要选择适当的指示剂,利用其颜色变化作为达到滴定终点的标志,因此酸碱滴定法的关键是滴定终点的确定。一般指示剂的用量非常少,微量的酸或碱就可以改变其结构从而改变其颜色变化,来指示终点。

图 6.6　点亮别人(罗梓瑞 作)

【思政核心】通过改变自己来点亮别人或献出自己一点点力量就可以帮助别人甚至改变一个人的命运(图 6.6)。

【讲授方法】我们要向酸碱指示剂学习,在别人有困难时,利用自己的特长帮助别人,只要你有一点点付出就可以帮助别人,甚至改变别人的命运。

63. 滴定终点和化学计量点——志同道合是化学计量点,同舟共济是滴定终点

【知识内涵】滴定分析中,当滴定至等当点时,往往没有任何外观现象可供判断,常借助于指示剂的颜色变化来确定是否终止滴定,此时指示剂的变色点,即为滴定终点。在滴定过程中,当滴入的标准溶液的物质的量,与待测组分的物质的量,恰好符合化学反应式所表示的化学计量关系时,称反应到达了化学计量点。简单地说,化学计量点就是恰好完全反应的点;滴定终点就是指示剂变色的点。

图 6.7　同舟远航(罗梓瑞 作)

化学计量点与滴定终点的不同点:化学计量点是根据化学反应的计量关系求得的理论值,而滴定终点是实际滴定时的测得值。在滴定分析中,化学计量点与滴定终点的关系:两者必须吻合;两者互不相干;两者越接近,滴定误差越小。

【思政核心】朋友之间,力求志同道合,但毕竟是彼此独立的个体,其人生观、价值观、世界观越接近,分歧越少,就越融洽。志同道合是化学计量点,同舟共济才是滴定终点(图 6.7)。

【讲授方法】滴定终点不是化学计量点,但是它们越接近误差越小,好比一对朋友,不是同一个人,但是人生观、价值观、世界观越接近,分歧越少,越融洽。特别是朋友之间、夫妻之间志同道合尤为重要。因为志同道合是化学计量点,同舟共济是滴定终点。

64. 甲基橙——双色指示剂——做多面能手,成就别人

【知识内涵】甲基橙是一种双色指示剂,在酸中显红色,在碱中显黄色。

【思政核心】人要学会做双色指示剂,多面能手,自己不改变本色,又能成就别人(图 6.8)。

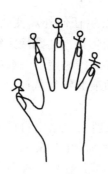

图 6.8　竭力助人（罗梓瑞 作）

【讲授方法】我们要学会做双色指示剂，做多面能手，既不改变自己的本色，又能成就别人。甲基橙——双色指示剂好比警察，在违法犯罪分子面前，警察能主持公道、伸张正义，在弱者面前，警察又是引路人、是活雷锋。

65. 滴定突跃——把握好自己的人生突跃，走向人生制高点

【知识内涵】在酸碱滴定分析中，在化学计量点前后 ±0.1%（滴定分析允许误差）范围内，溶液 pH 值将发生急剧变化，这种溶液 pH 值突然改变的过程就是滴定突跃。总的原则是指示剂的变色范围要全部或者部分落在滴定终点的 pH 范围内。

【思政核心】人生很多个突跃，知识增长突跃、财富增长突跃、生理发育突跃，发挥潜力、把握好突跃过程，走向制高点（图 6.9）。

【讲授方法】酸碱滴定曲线上的滴定突跃，就是在化学计量点前后的很小范围内，溶液 pH 值急剧变化的现象。突跃就是突然显著变化，突跃非常有用。人生也有很多个突跃，如知识增长突跃，就是中学、大学、研究生阶段的学习；财富增长突跃就是人到中年时，事业有成且稳定，个人财富急剧增加；生理发育突跃，就是人的青春期（12～18 岁）是人快速生长发育的时期，也是增强体魄的时期，我们必须加强营养、加强锻炼、健康生活。因此，我们必须把握好人生的每一个突跃，走向人生制高点。

图 6.9　人生突跃（罗梓瑞 作）

66. 滴定曲线——人生的知识增长曲线：慢—快—慢，突跃在青少年

【知识内涵】滴定曲线是一种表示滴定变化的图示（图 6.10），以加入的物质的体积为横纵坐标，pH 值为纵坐标，绘制的类似 S 形的曲线。曲线上包含滴定开始前、化学计量点前、化学计量点、滴定终点、滴定突跃、化学计量点后等信息。

【思政核心】人的知识增长曲线：慢—快—慢，其知识的飞跃（"突跃"）常常在青少年阶段。

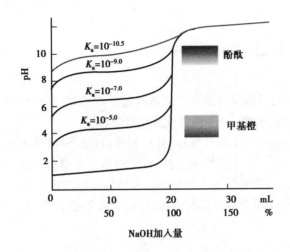

图 6.10　酸碱中和滴定曲线

【讲授方法】知识增长曲线,出生前、幼儿园、小学阶段知识增长慢,到中学、大学、研究生阶段是知识增长的突跃阶段,知识增长很快,不抓住这个突跃,过了这个阶段(10~16 年的突跃),你的知识常常会贫乏。亲爱的读者,你一定要抓住知识增长的突跃阶段,在年富力强时努力学习。

67. 基准试剂——用纯洁大气的自己,成就平凡无助的别人

【知识内涵】基准试剂可直接配制标准溶液的化学物质,也可用于标定其他非基准物质的标准溶液的化学物质。基准物质应该符合"符、纯、稳、定、大"的要求:符:组成与它的化学式严格相符;纯:纯度足够高,级别一般在优级纯以上;稳:应很稳定,可以长期保存;定:参加反应时,按反应式定量地进行,不发生副反应;大:有较大的分子量,在配制标准溶液时可以减少称量误差。一般常用的基准试剂有无水碳酸钠、邻苯二甲酸氢钾、草酸、草酸钠、氧化锌、碳酸钙、硝酸银、氯化钠、重铬酸钾、碘酸钾、金属铜、金属锌等。

图 6.11　成就别人
（江庆 作）

【思政核心】纯洁大气的自己,才能成就平凡无助的别人(图 6.11)。

【讲授方法】基准试剂可直接配制标准溶液的化学物质,也可用于标定其他非基准物质的标准溶液的化学物质。基准物质应该符合"符、纯、稳、定、大"的要求。做人要具有基准物质具有"符、纯、稳、定、大"的气质和特色,"符"就是表里如一,"纯"就是干净利落,"稳"就是稳如泰山,"定"就是定力定量,"大"就是有容乃大。纯洁大气的自己,才能成就平凡无助的别人。

68. 标准溶液——知己知彼,百战不殆

【知识内涵】标准溶液是指具有准确已知浓度的试剂溶液,在滴定分析中常用滴定剂。在其他的分析方法中用标准溶液绘制工作曲线或作计算标准。

【思政核心】知己知彼,百战不殆(图6.12)。

【讲授方法】标准溶液就是知道自己的准确浓度,就是"知己",它可以用于分析测定未知物质的浓度,就是"知彼",所以标准溶液用于科学定量分析,已有上百年的历史了,真是"知己知彼,百战不殆"。

图 6.12　知己知彼
（罗梓瑞 作）

第7章
配位化合物与配位滴定法与人生哲理

69. 配位化合物——团结就是力量,团队产生奇迹

【知识内涵】配位化合物简称配合物,也称络合物。配位化合物数量众多,元素周期表中绝大多数金属元素与配体都能形成配合物,因此对配位化合物的研究已发展成一个主要的化学分支——配位化学,并广泛应用于工业、农业、生物、医药等领域。例如,叶绿素、血红素、生物化学酶都是配合物,它们都是生命延续的重要物质。

又如,普鲁士蓝是一种深蓝色的配合物颜料,在画图和青花瓷器中广泛应用。它是 1704 年普鲁士人狄斯巴赫在染料作坊中为寻找蓝色染料,而将兽皮、兽血同碳酸钠在铁锅中强烈煮沸而得到的。过了 20 年,化学家才确定了普鲁士蓝的化学式为 $KFe[Fe(CN)_6]$(六氰合铁酸亚铁钾)。德国的前身普鲁士军队的制服颜色就是使用该种颜料,直至第一次世界大战前夕才更换成土灰色。

在医疗上铊离子可取代普鲁士蓝分子中的钾离子,而形成不溶性物质随粪便排出,对治疗铊中毒有一定疗效。该方法在 1995 年成功救治了清华大学 92 级化学系同学朱令的铊中毒,见效快,24 小时见效,治理彻底,10 天之后,奇迹发生了,她的血液、脑脊液中铊离子的含量就降至为零。

【思政核心】团结就是力量,团队会产生奇迹(图 7.1)。

【讲授方法】配合物是由中心原子和多个配位体组成的团簇化合物,它们排列有序、结合紧密,团结一致,对外显示出特别的、优异的物理化学性质。普鲁士蓝 $KFe[Fe(CN)_6]$(六氰合铁酸亚铁钾),是由 Fe^{2+}、Fe^{3+}、CN^- 和 K^+ 组成的一种配合物,其中的任何一个组分既不能作为颜料,更不能治疗铊中毒,但是形成的配合物颜色漂亮而稳定,治疗铊中毒,能起死回生、创造奇迹。因此,创新创业团队中,领头人就是中心原子,其余人员就是配体,只有紧密结合、团结一致,才有可能成功、创造奇迹。例如,西游记中的五人团队,唐僧就是中心原子,孙悟空、猪八戒、沙和尚、白龙马就是配位体,他们通力协作、各显其长,才能降魔除妖、披荆斩棘,成功到达西天取经。

图 7.1 团结与力量（江庆 作）

70. 配合物的组成——核心意识、合作意识

【知识内涵】配合物一般分内界和外界两部分,内界就是配离子,可分为中心原子和配位体两部分。改变内界和改变外界都可以改变配合物的颜色和状态。

【思政核心】内界就是小集体,外界就是大社会,小集体总要在大社会中才能体现价值,才能发挥最大作用。

【讲授方法】配合物的内界就是配离子,好比一个家庭、一个班级、一个团队,外界好比一个村庄、一所学校、一个集团公司。内界的团结奋斗直接影响外界的声誉和发展。我们要充分发挥家庭、班级、团队小集体的力量、团结奋斗,为我们所在的村庄、学校和公司增添业绩和荣誉。

71. 螯合物——个体要与中心环环相扣,紧密结合

【知识内涵】螯合物是由一个中心离子和多齿配体形成的,具有环状结构。螯合物结构中的环称为螯环,能形成螯环的配体称为螯合剂,如乙二胺、草酸根、乙二胺四乙酸(EDTA)、氨基酸等均可作螯合剂。配位原子隔 2~3 个原子的五元环、六元环最稳定。

【思政核心】团队就是要形成螯合物,与中心原子环环相扣,紧密结合。

【讲授方法】螯合物就是中心离子与螯合剂形成多个螯合环,环环相扣,紧密结合,性质独特。因此,我们形成团队也要形成螯合物一样的团队,与中心原子环环相扣,紧密结合。

72. 配位平衡中的副反应——只有增强自身防御能力,才能抵制侵蚀和腐化

【知识内涵】在复杂的配位化学反应中,常常把主要研究的一种配位反应看作主反应,其他与之有关的反应看作副反应。副反应会影响主反应的反应物或者产物的平衡浓度。其副反

应包括酸效应、共存离子效应、络合效应、水解效应等。

在配位体为弱酸根的配离子中加入 H^+（或降低 pH 值），会促使配位体与 H^+ 结合形成稳定的弱酸，从而降低配位体与形成体配位的能力，这种现象称为酸效应。

当溶液中除了金属离子 M 还存在其他金属离子 N，N 也可以与配体 Y（如 EDTA）发生配位反应，这种反应可看作 Y 的一种副反应，它能降低 Y 的平衡浓度，而使 Y 参加主反应的能力下降，这种现象称为共存离子效应。

在配位滴定中，如果有除了主配体之外，还有其他配位体 L 存在，并且 L 可以与 M 发生配位反应，能形成逐级配位化合物，如 $ML, ML_2, \cdots, ML_n$，而使得金属离子 M 参加主反应能力降低的，这种由于其他配位体存在而使金属离子 M 参加主反应能力减小的现象称为络合效应。

当溶液的酸度较低时，金属离子 M 因水解而形成各种氢氧根或者多核氢氧根配合物。这种由水解而引起的副反应称为金属离子 M 的水解效应。

【思政核心】只有增强自身防御能力，才能抵制各种副反应的侵蚀和腐化。正义总是能战胜邪恶，我们要增强自身防御能力，抵制各种副反应的侵蚀和腐化。

【讲授方法】人们积极地学习、工作与创新就是主反应，各种诱惑和负能量就是副反应，但正义总是能战胜邪恶，我们要增强自身防御能力，抵制各种副反应的侵蚀和腐化。邪教法轮功、传销、非法集资等就是社会生活的副反应，我们必须坚决抵制。

73. 金属指示剂——拿得起、放得下，才能成就别人

【知识内涵】金属指示剂是络合滴定法中使用的指示剂。金属指示剂是一些可与金属离子生成有色配合物的有机配位剂，其有色配合物的颜色与游离指示剂的颜色不同，从而可以用来指示滴定过程中金属离子浓度的变化情况，因而称为金属离子指示剂，简称金属指示剂。

【思政核心】

①金属指示剂——成就了别人，也成就了自己。

②做一个拿得起、放得下，能收能放、能屈能伸的大丈夫。

【讲授方法】金属指示剂指示终点的原理是：在一定 pH 值下，指示剂与金属离子络合，生成与指示剂游离态颜色不同的络离子，即络合物颜色，滴定到等当点时，滴定剂置换出指示剂，显示游离态颜色，当观察到从络离子的颜色转变为指示剂游离态的颜色时即达终点。同理，人也要学会做金属指示剂，成就别人的同时，也成就自己。我们发现，金属指示剂——铬黑 T，既能与钙镁离子结合生成配合物 M-In 颜色，又能在 EDTA 滴定到终点时，释放出铬黑 T 指示剂，能收能放、能屈能伸，真可谓大丈夫。我们做事、创业、谈判，也需要有金属指示剂的精神，会审时度势，能收能放、能屈能伸，才能战胜困难。红军在二万五千里长征路时，四渡赤水、巧渡金沙江等，不正是能屈能伸的战术吗？

74. 提高配位滴定的选择性——只有开动脑筋,防干扰,才能提高效率

【知识内涵】提高配位滴定选择性的方法有控制溶液酸度和掩蔽杂质离子两种方法。由于 EDTA 能与许多金属离子形成稳定的配合物,而被滴定溶液中常可能同时存在几种金属离子,滴定时很可能相互干扰。因此,如何提高络合滴定的选择性,消除干扰,选择滴定某一种或几种离子是络合滴定中的重要问题。酸度对络合物的稳定性有很大的影响。往往利用缓冲溶液来控制 pH 值在一个合理的区间,提高配位选择性和灵敏性,利用络合掩蔽法、沉淀掩蔽法和氧化还原掩蔽法,最大限度消除干扰离子影响。

【思政核心】做任何事情,我们都要开动脑筋,防干扰,提高效率和准确度。

【讲授方法】在配位滴定时,我们利用已学的知识,通过控制溶液酸度,或利用络合掩蔽法、沉淀掩蔽法和氧化还原掩蔽法,最大限度消除干扰离子的影响,提高滴定准确性和滴定效率。同理,我们做任何事情,都要开动脑筋,防干扰,提高效率和准确度。由此可见,知识的储备、知识的深度和广度非常重要,有了知识,我们才能开动脑筋,克服困难,提高做事效率。

75. 返滴定法和置换滴定法——学会逆向思维、换位思考,才能找到最佳路径

【知识内涵】凡是稳定常数足够大、配位反应快速进行、又有适宜指示剂的金属离子都可以用 EDTA 直接滴定。如果待测离子与 EDTA 反应的速度很慢,或者直接滴定缺乏合适的指示剂,可以采用返滴定法。利用置换反应能将 EDTA 络合物中的金属离子置换出来,或者将 EDTA 置换出来,然后进行滴定。

【思政核心】解决问题,学会逆向思维或换位思考,选择最佳路径,降低成本、降低风险,提高效率、提高准确度。

【讲授方法】在滴定分析中,有直接滴定法、返滴定法和置换滴定法,一种离子或一个样品,选择哪一个方法滴定,一定有一个最佳方案。最佳方案可以达到成本低、风险小,效率高、准确度高。因此,在解决一个工作和生活中的问题时,我们通常也会有几个不同的解决办法,但必须学会选择一个最佳路径和方法,降低成本和风险,提高效率和准确度。

76. 玻尔保护诺贝尔奖章——最好的保家卫国的办法是用知识武装自己

【知识内涵】1943 年 9 月,丹麦著名的物理学家玻尔居住在首都哥本哈根。一天,丹麦的反法西斯组织派人告诉玻尔一个紧急消息:德国法西斯准备对他下手了! 玻尔开始准备自己的行装,打算躲开那些强盗。在收拾行李时,他发现了自己在 1922 年获得的诺贝尔奖章。这枚奖章绝不能落在法西斯的手里。如果藏在身上带走,是很危险的。危急时刻,他的眼光落在

了一个存放"王水"的试剂瓶上。玻尔果断地把金质奖章小心放入试剂瓶里,奖章在"王水"里慢慢消失了。随后,他把这个珍贵的瓶子放在了一个不起眼的地方,离开了祖国。

战争结束后,玻尔回到了自己的实验室,那个小瓶子还在那里。于是,他拿起一块铜块轻轻地放入"王水",铜块慢慢地变小了,奇怪的是,瓶子里出现了一块黄金!

这是为什么呢?原来"王水"是浓盐酸和浓硝酸组成的混酸,腐蚀性很强,当奖章放到王水里,奖章就溶化了,后来放入的铜块,又将溶液中的金元素从溶液里置换出来,重新铸造成奖章。玻尔就是利用了化学中的置换反应,把奖章完美地保护下来。最好的保家卫国的办法是用知识武装自己。

【思政核心】知识就是力量,利用化学知识可以保护财产、保家卫国。

【讲授方法】听了丹麦物理学家玻尔用王水保护诺贝尔奖章的故事,我们明白了一个道理:知识就是力量,用知识武装自己,可以战胜敌人、战胜困难。用知识可以保护财产、保家卫国。学好化学多么有用、多么重要啊!

第 **8** 章
电化学、氧化还原滴定法与人生哲理

77. 氧化还原反应与得失电子——懂得放手，才会抬高自己的价位

【知识内涵】在氧化还原反应过程中，氧化剂得到电子使化合价降低（得到使其价位降低），而还原剂失去电子使化合价升高（失去使其价位升高）。

【思政核心】有些东西，你得到了会使你的价位降低，如果你学会放手，反而能使你的价位升高。

【讲授方法】在氧化还原反应过程中，氧化剂得到电子使化合价降低，即得到使其价位降低；而还原剂失去电子使化合价升高，即失去使其价位升高。同理，对待得失，恰似氧化还原反应得失电子，有些东西，你得到了会使你的价位降低，如果你学会放手，反而能使你的价位升高。因此，学会放手非常重要。

78. 电解质导电原理——适当的外加电场，能驱动你产生电流，发光发热

【知识内涵】能导电的物质称为导体。导体主要有两类：一类是电子导体，如金属、石墨及某些金属化合物，其导电主要靠自由电子定向运动；另一类为离子导体，它依靠离子的定向运动（即离子的定向迁移）而导电。电解质溶液或熔融的电解质等的导电原理是：在外加电场作用下，电解质溶液中解离的正、负离子向两极定向移动，并在电极表面发生氧化或还原反应。当温度升高时，溶液的黏度降低，离子运动速度加快，所以离子导体导电能力随温度升高而增强。

【思政核心】适当的外加电场，能驱动你定向移动，产生电流，从而发光发热。

【讲授方法】电解质的导电原理是，在外加电场作用下，电解质溶液中解离的正负离子向两极定向移动，产生电流。同理，人也需要适当的外加电场，驱动你定向移动，产生电流，从而发光发热。

79. 法拉第定律——勤于学习、善于思考、勇于实践,定能成功

【知识内涵】法拉第(图 8.1)归纳了多次实验结果,于 1833 年总结了一条基本规律,称为法拉第定律:通电于电解质溶液之后,在电极上发生化学变化的物质,其物质的量与通入的电量成正比;若将几个电解池串联,通入一定的电量后,在各个电解池的电极上发生反应的物质其物质的量相同。

图 8.1　法拉第

【思政核心】科学家一定具有勤于学习、善于思考、勇于实践、乐于总结的素养。

【讲授方法】法拉第进行多次实验,并进行归纳总结,于 1833 年提出法拉第定律。科学定律的发明有两种方法归纳法和演绎法。归纳法通常是总结大量实验结果,或从大量数据中,推导出一个结论。科学家都具有善于实践、善于思考、善于总结的科学素养。同学们,你们在学习和工作中,必须勤于学习、善于思考、勇于实践、乐于总结,才能少走弯路,走向成功。

80. 电导与电阻——学会担任不同角色,发挥不同作用

【知识内涵】电阻(R)表示导体对电流阻碍作用的大小。导体的电阻越大,对电流的阻碍作用越大。导体不同,电阻一般不同,电阻率是导体本身的一种特性。而超导体则没有电阻。

电导(G)表示某一种导体传输电流能力强弱程度,单位是 S。在输电线路中,电导用来反映线路带电时绝缘介质中产生泄漏电流及导线附近空气游离产生有功功率损失的一种参数。

电导(G)是电阻的倒数,测定电导实际上就是测定导体的电阻。测定电阻可用交流惠斯顿电桥,电导测定示意图如图 8.2 所示。

$$G = \frac{1}{R} \tag{8.1}$$

【思政核心】一个人在不同环境、不同场所担任不同角色,发挥不同作用(图 8.3)。不忘初心,牢记使命,在自己的本职岗位上发光发热,为实现中国伟大复兴的中国梦贡献自己的力量。

【讲授方法】电导和电阻本质是一样的,测定方法一样,但表示方法和应用环境不一样。同理,一个人,在不同环境、不同场所,角色也不同,担任好自己的角色和履行好自己的职责非常重要。比如,同学们在学校是学生,就应该好好学习,不得逃学经商;到实习单位就是单位员工,就必须遵守单位规章制度、完成岗位工作;在家里,就是子女,必须担任家务、孝敬父母。不忘初心,牢记使命,在自己的本职岗位上发光发热,为实现中国伟大复兴的中国梦贡献自己的力量。

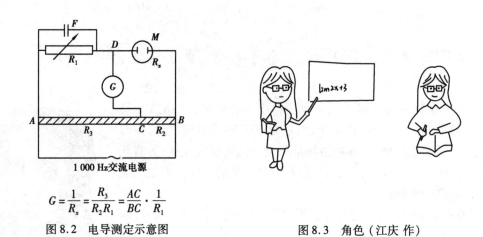

$$G = \frac{1}{R_x} = \frac{R_3}{R_2 R_1} = \frac{AC}{BC} \cdot \frac{1}{R_1}$$

图8.2 电导测定示意图　　　　　图8.3 角色（江庆 作）

81. 原电池与电解池——人既要学会充电, 也要学会放电

【知识内涵】利用自发的氧化还原反应, 将化学能转化为电能的装置称为原电池; 利用电流促使非自发氧化还原反应发生, 将电能转化为化学能的装置称为电解池。原电池和电解池统称为化学电池。研究化学电池中氧化还原反应过程以及电能和化学能相互转化的科学称为电化学。

【思政核心】人既要学会充电, 也要学会放电（图8.4）。

【讲授方法】手机电池既可放电, 也需要充电, 放电时作为原电池, 将化学能转化为电能; 充电时就是电解池, 将电能转化为化学能。人在学习和工作中既要充电, 也要放电。充电就是吃饭补充能量, 睡觉和休息恢复体能, 学习知识也是充电, 储备知识, 以防"书到用时方恨少"。而工作、运动、考试等就是放电, 只有充足了电, 才能有电可放、才能

图8.4 充电与放电（江庆 作）

有效放电。亲爱的读者, 为了更好地放电, 首先抓紧时间充电吧, 当前正是你们充电的时间。

82. 氧化态与还原态——控制自己的情绪, 把握好自己的状态, 大胆创新

【知识内涵】氧化态就是元素的高价态, 还原态就是元素的低价态。氧化态得到电子变成还原态, 还原态失去电子变成氧化态。

【思政核心】学会控制自己的情绪, 充分把握好自己的氧化态与还原态, 大胆创新、快乐学习。

【讲授方法】人也有氧化态和还原态两种状态。人在氧化态, 精神饱满、情绪高昂、积极乐观, 此时人处于兴奋状态, 思维活跃、思路开阔、创新力强, 且容易交流、容易接受新事物。人在

还原态,精神萎靡、情绪低落、消极悲观,此时人处于抑郁状态,思维迟钝、思路狭隘、难以创新,且交流困难,难以接受新事物。可以说快乐时或清新时就是氧化态;困倦时或低沉郁闷时就是还原态。控制好自己的情绪,把握好自己的状态,快乐学习,大胆创新。

83. 能斯特方程——万事没有绝对,万物必有联系

【知识内涵】标准电极电势需要控制在标准条件下(即 1 bar 的气压,298.15 K 的温度,溶质为 1 mol/L),在实际使用中,很难控制到如此精确的条件,因此需要使用能斯特方程计算出实际条件下的条件电势。能斯特方程对于任意电极,电极反应通式为:

$$g(\text{Ox}) + ze^- \rightleftharpoons h(\text{Red})$$

则

$$E(\text{Ox/Red}) = E^\ominus(\text{Ox/Red}) - \frac{RT}{zF}\ln\frac{a^h(\text{Red})}{a^g(\text{Ox})} \tag{8.2}$$

298.15 K 时:

$$E(\text{Ox/Red}) = E^\ominus(\text{Ox/Red}) - \frac{0.059\,16}{z}\lg\frac{a^h(\text{Red})}{a^g(\text{Ox})} \tag{8.3}$$

式(8.2)和式(8.3)称为电极电势的能斯特方程。式中 z 为电极反应中所转移的电子数。g 和 h 分别代表电极反应式中氧化态和还原态的化学计量数。a 为物质的活度,但在稀溶液中一般用浓度代替活度来计算电对的电极电势。其中,$E^\ominus$ 为标准电极电势,反映的是物质得失电子的能力,与方程式的写法无关。$E(\text{Ox/Red})$ 为条件电极电势,受温度、浓度、酸度等因素影响。

目前为止,电极的绝对电势不能获得,为了获得各种电极的电极电势数值,通常以某种电极的电极电势作为标准与其他各待测电极组成电池,通过测定电池的电动势,从而确定各种不同电极的相对电极电势 E 值。1953 年国际纯粹与应用化学联合会(IUPAC)的建议,采用标准氢电极作为标准电极,并人为地规定标准氢电极的电极电势为零。

【思政核心】万事万物必有联系,联系是普遍的、多样的、客观的、有条件的,找到这个联系就是重大发现。要善于尊重规律,利用条件,创造条件,解决问题。

【讲授方法】目前为止,电极的绝对电势不能获得,只能以某种电极的电势作标准与其他待测电极组成电池,从而测定待测电极的相对电极电势值。标准电极电势需要控制在标准条件下(即 1 bar 的气压,298.15 K 的温度,溶质为 1 mol/L),在实际使用中,很难控制到如此精确的条件,因此需要使用能斯特方程计算出实际条件下的条件电势。能斯特方程解决了任意电极、任意条件下,电极的电势计算方法。由电极电势推而言之,不是任何事物都可得到它的绝对值,也就是说,没有绝对的高和低、没有绝对的对与错、没有绝对的好与坏,这些都是相对的。通常只能通过与其他事物相比较而获得它的相对值。万事万物必有联系,联系是普遍的、多样的、客观的、有条件的,找到这个联系就是重大发现,如能斯特发现电极电势与物质浓度联系,就得到能斯特方程,用途非常巨大,可以说,没有能斯特方程就没有电化学。要善于尊重规律,利用条件,创造条件,解决问题。

84. pH 值的测定——寻找工具和方法的过程就是解决实际问题的过程

【知识内涵】测定 pH 值需要一个对 H^+ 敏感的电极,使用较多的是玻璃电极。玻璃电极是一支玻璃管下端焊接一个特殊原料制成的玻璃球形薄膜,膜内盛有一种 pH 值固定的缓冲溶液,溶液中浸入一根 Ag-AgCl 电极作为内参比电极。玻璃电极如图 8.5 所示。

玻璃膜两侧溶液 pH 值不同时就产生一定的膜电势。当球泡内溶液 pH 值固定时,膜电势随外部溶液的 pH 值改变。

【思政核心】寻找工具和方法的能力就是解决实际问题的能力。

【讲授方法】要测量溶液 pH 值,就必须寻找一支玻璃电极作为测量工具。同理,我们要解决一个科学问题,就必须要寻找一种科学的方法和测量工具。在生产生活实践中,充分利用唯物辩证法和现代科学思维方法,不断创新工具和方法,就能很好地解决问题。

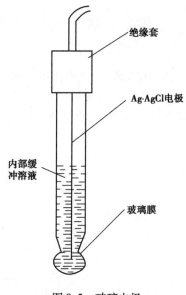

图 8.5　玻璃电极

85. 电解池——人就好比电解池,只要外加电压,就可存储能量,创造价值

【知识内涵】电解是将电流通过电解质溶液或熔融态电解质(又称电解液),在阴极和阳极上引起氧化还原反应,将电能转变成化学能的过程。实现电解过程的装置称为电解池。

【思政核心】一个人就好比一个电解池,只要外加电压,就可以变电能为内能,就可存储能量,创造价值。

【讲授方法】一个非自发进行的氧化还原反应,很难生成新的化学物质,但是当将该氧化还原反应设计成电解池,在电极两端加适当电压时,奇迹发生了,氧化还原反应顺利进行,且可以将电能转变成化学能,产生新的物质、储存能量。人也有惰性、贪玩好耍,但是将一个人设计成电解池,放在一个积极向上的集体中,适当地给一点压力,就可以变压力为动力,创造价值。

86. 金属的腐蚀与防护——人是一块金属,防腐常记心头

【知识内涵】当金属与周围介质接触时,由于发生化学作用或电化学作用而引起的破坏称为金属的腐蚀。金属的腐蚀十分普遍,机械设备在强腐蚀性介质中极易腐蚀破坏,钢铁制件在潮湿空气中容易生锈,钢铁在加热时会生成一层氧化层,地下金属易腐蚀。金属因腐蚀而损失

的量相当于年生产量的 1/4 ~ 1/3,经济损失十分严重。金属防腐永远在路上。

【思政核心】人就好比一块金属,在社会环境中容易被不良风气腐蚀,我们必须做好防腐工作,增强政治定力、纪律定力、道德定力、思想定力,永葆本色。

【讲授方法】我们知道,金属容易在与周围介质,如氧气、水、酸、碱、盐等发生化学作用或电化学作用而引起破坏被腐蚀。一个人也好比一块金属,在社会环境中容易被不良风气腐蚀,因此,我们必须做好各种防护工作,增强政治定力、纪律定力、道德定力、思想定力,永葆本色。

87. 蓄电池——人要做最优秀的蓄电池,既可充电快,也可放电多

【知识内涵】一次性电池就是放电后不能再充电而反复使用的电池,如锰锌干电池。蓄电池就是放电后可以再充电反复多次使用的电池,如铅蓄电池。要把电池作为实用的化学电源,设计时必须考虑到电压比较高、电容量比较大、电极反应容易控制,体积小便于携带等实用要求。

【思政核心】一个人要做化学电源就要做一块优秀的蓄电池,既可充电快,也可放电多。

【讲授方法】我们知道,手机电池就是一块蓄电池,它放电后可以再充电,并反复多次使用。一个人要做化学电源就要做一块优秀的蓄电池,传承中华美德,争做时代楷模。

88. 电镀(镀金)——人要适当镀金,光亮自己、保护自己

【知识内涵】电镀是应用电解的方法将一种金属镀到另一种金属表面上的氧化还原反应过程。电镀时,把被镀零件(镀件)作为阴极,镀层金属作为阳极,电解液中含有欲镀金属的离子,电镀过程中阳极溶解成镀层金属离子,溶液中的镀层金属离子在阴极(镀件)表面析出。实际工作中常将两种(及两种以上)的金属进行复合电镀,以达到美观、防腐、耐磨等综合性能优良的要求。同时,除了可在金属工件上进行电镀外,还可在塑料、陶瓷等表面进行非金属电镀。

【思政核心】镀金既可让一个人充实、美观,也可达到耐磨、防腐的效果,既可提升自己,也可照亮别人。

【讲授方法】我们知道,电镀是将一种金属镀到一个工件表面的过程,以达到美观、防腐、耐磨等综合性能优良的目的。社会中,一个人也好比一个工件,需要适当地进行镀金,如出国留学、读研究生,这些镀金既可让一个人达到充实、美观、耐磨、防腐的效果,又可以光亮自己、充实自己,还可以保护自己、照亮他人。

89. 电抛光——人生也需电抛光,去掉凹凸不平,更加完美光亮

【知识内涵】电抛光是指金属制品在一定组成的溶液中进行特殊的阳极处理,以获得平滑、光亮表面的精饰加工过程。电抛光以消除工件制品表面的细微凹凸不平,从而使其表面如

镜面般平滑、光亮的精加工过程,可提高工件的耐腐蚀性和耐磨性。

【思政核心】人也需要电抛光,去掉一些凹凸不平的缺点,从而更加耐腐耐磨,完美光亮(图8.6)。

【讲授方法】电抛光就是通过外加电流的作用,以消除工件制品表面的细微凹凸不平,从而使其表面平滑光亮的精加工过程,可提高工件的耐腐蚀性和耐磨性。同理,人也总会有一些细微的缺点,如庸、懒、散、浮、拖等,若不改正,也可溃于蚁穴,因此,人也需要通过电抛光,"学习强国"就是电抛光,它可以去掉我们自身的一些缺点,从而更加耐腐耐磨,更加完美光亮。

图8.6　抛光
（江庆 作）

90. 燃料电池——只要能更高效地转化自己的能量,人活得就更有价值

【知识内涵】燃料电池在工作时不断从外界输入氧化剂和还原剂,同时将电极反应产物不断排出,可不断地提供电能,因而又称为连续电池。燃料电池是以氢、甲烷等为负极反应物质,以氧气、空气或氯气等为正极反应物质制成的电池。电解质采用KOH溶液或固体电解质。此外,电池中还包含适当的催化剂。这种电池是使燃料与氧化剂之间发生的化学反应直接在电池中进行,使化学能直接转化为电能,而不是通过燃烧发电,大大提高了化学能的利用效率;而且对环境污染少,因此成为研究的热点。但是,目前还没有理想的商业燃料电池,燃料电池的研究还需要更多科学家努力奋斗才能产业化。

【思政核心】人类还有很多科学难题,需要一代代人不懈努力奋斗才能解决。只要能更高效地转化自己的能量,人活得就更有价值。

【讲授方法】燃料电池,以氢、甲烷等燃料为负极反应物,以氧气、空气或氯气等氧化剂为正极反应物,使燃料与氧化剂之间发生的化学反应直接在电池中进行,使化学能直接转化为电能,而不是燃烧发电,大大提高了化学能的利用效率,而且生态环保,是一种理想的连续电池,可广泛用于汽车,将来的汽车不是内燃机提供动力,而是燃料电池提供动力。听起来很美好,但是,目前还没有理想的商业燃料电池,其研发还需要科学家努力奋斗才行。同样,人类也还有很多科学难题,如燃料电池的商业化、艾滋病、癌症的治疗,人造大脑,需要一代又一代人的不懈努力奋斗才能解决这些难题。亲爱的读者,努力学习和刻苦钻研吧,攀登科学巅峰的胜利果实,一定是属于你们的。

91. 自身氧化还原指示剂——人尽可能学会自己的问题自己解决

【知识内涵】氧化还原滴定法可用电位法确定终点,也可以用氧化还原指示剂直接指示终点。常用的指示剂有:自身氧化还原指示剂和特殊指示剂两类型。自身氧化还原指示剂,是利用滴定剂或被测物质本身的颜色变化来指示滴定终点,无须另加指示剂。例如用 $KMnO_4$ 法测定双氧水中 H_2O_2 的含量或用 $Na_2C_2O_4$ 标定高锰酸钾浓度时,滴定至化学计量点后只要过量 $1 \sim 2$ 滴 $KMnO_4$ $(2 \times 10^{-6} mol/L)$ 就能使溶液呈现浅粉红色,指示终点的到达。

【思政核心】我们尽可能去争当自身氧化还原指示剂,学会自己的问题自己解决,不给别人增添麻烦。

【讲授方法】自身氧化还原指示剂,就是利用滴定剂或被测物质本身的颜色变化来指示滴定终点,无须另加指示剂,减少了误差、简化了操作、减少了污染、降低了成本。如高锰酸钾就是优良的自身指示剂,只要过量 1 ~ 2 滴高锰酸钾(2 mg/L)就能使溶液呈现浅粉红色,指示终点。我们在学习生活中,也尽可能争当自身指示剂,学会自己的问题自己解决,不给别人增添麻烦。

92. 氧化还原滴定前的预处理——台前光辉、台后艰辛

【知识内涵】氧化还原滴定时,被测物的价态往往不适于滴定,需进行氧化还原滴定前的预处理。例如用 $K_2Cr_2O_7$ 法测定铁矿中的铁含量,Fe^{2+} 在空气中不稳定,易被氧化成 Fe^{3+},而 $K_2Cr_2O_7$ 溶液不能与 Fe^{3+} 反应,必须预先将溶液中的 Fe^{3+} 还原至 Fe^{2+},才能用 $K_2Cr_2O_7$ 溶液进行直接滴定。预处理时所用的氧化剂或还原剂应满足下列条件:必须将欲测组分定量地氧化或还原,且反应要迅速;剩余的预氧化剂或预还原剂应易于除去;预氧化或预还原反应具有良好的选择性,避免其他组分的干扰。

【思政核心】高效快速地做好一件事,往往都要做好准备工作,可谓"台上一分钟,台下十年功""台前光辉、台后艰辛"。

【讲授方法】分析一个样品,程序很烦琐,取样、样品保存、样品预处理、样品分析、数据分析,才能得出检测结果。其中,样品预处理是一个非常重要的工序,直接影响分析测定的成败。同理,要高效快速地做好一件事,往往都要做好准备工作,也就相当于预处理,演好一台舞蹈,前期可能需要几个月的排练,可谓"台上一分钟,台下十年功";做好一次演讲,可能需要几百次练习,可谓"台前光辉、台后艰辛"。

93. 重铬酸钾法与高锰酸钾法——高纯的品格可以弥补能力的不足,但高强的能力不能弥补品格的不足

【知识内涵】重铬酸钾的氧化性不及高锰酸钾强,且只能在酸性条件下使用。但重铬酸钾稳定,纯度高,可以直接配制标准溶液,且可长时间放置;重铬酸钾法氧化率高,选择性更好、再现性好,适用于测定水样中有机物的总量。但由于 K_2CrO_7 法存在重金属铬污染而不受欢迎。

高锰酸钾氧化性强于重铬酸钾,自身可做指示剂,不需要另加指示剂,污染小、成本低,操作简单,可避免六价铬离子的二次污染,在测定水样中有机物含量的相对比较值时,可以采用。

而 $KMnO_4$ 法的优点是氧化能力强,可直接、间接测定多种无机物和有机物;本身可作指示剂。缺点是 $KMnO_4$ 标准溶液不够稳定,滴定的选择性较差。市售的 $KMnO_4$ 试剂常含有少量 MnO_2 和其他杂质等。因此 $KMnO_4$ 标准溶液不能直接配制。

K_2CrO_7 法与 $KMnO_4$ 法的比较见表 8.1。

表 8.1 K₂CrO₇ 法与 KMnO₄ 法比较

性 质	重铬酸钾法	高锰酸钾法
氧化性	较强	更强
选择性	良好	差
稳定性	良好	差
能否长期保持	能	否
能否直接配制标准溶液	能	否
能否在 HCl 介质中滴定	能	否
指示剂	二苯胺磺酸钠	自身指示剂 不需要另加指示剂
应用范围	铁含量的测定 土壤中腐殖质含量的测定 化学需氧量的测定	直接滴定法测定 H_2O_2 间接滴定法测定 Ca^{2+} 高锰酸盐指数的测定
毒性	毒性大	毒性小
环保性能	有铬、汞污染、污染大	污染小
滴定操作	烦琐	简单

【思政核心】树立可持续发展理念,减少重金属污染。做人不能在品格方面有明显的问题,否则能力再高强,也不受青睐,甚至被淘汰(图 8.7)。

图 8.7 可持续发展(卢煊 作)

【讲授方法】重铬酸钾法有如下特点:重铬酸钾易提纯、较稳定,在 140～150 ℃ 干燥后,可作为基准物质直接配制标准溶液,且非常稳定,可以长期保存在密闭容器内,溶液浓度不变;在室温下,重铬酸钾不与氯离子发生反应,故可以在盐酸介质中滴定,应用广泛。但是铬是一类重金属,与砷、铬、铅、汞一样,对环境危害大、对人毒性大,历史上发生许多这样的重金属中毒事件,遗毒长久,因此,人们一直在避免使用重铬酸钾,避免污染、避免毒性危害。同学们,重铬酸钾法有很多优点,但由于毒性大、污染大,我们就避而远之,不喜欢它。做人也一样,虽然有很多优点、能力高强,但是在道德品格上不能有明显的缺点,否则,能力再高强、再优秀,都不会受到青睐,甚至被社会所淘汰。

94. 化学需氧量与水质评价——道德情操是衡量人好坏的尺子

【知识内涵】化学需氧量是指在一定条件下,用强氧化剂处理水样时所消耗氧化剂的量,以氧的毫克每升(mg/L)来表示,简称 COD。化学需氧量反映水体中受还原性物质(主要是有机物)污染的程度。水体中还原性物质包括有机物、亚硝酸盐、亚铁盐、硫化物等。水体被有机物污染是很普遍的,因此,化学需氧量常作为测定水中有机物相对含量的指标之一。

【思政核心】化学需氧量就是衡量水质好坏的一把尺子,向社会索取的量也是衡量人本质好坏的一把尺子。索取得少而贡献得多,则是有用之才,反之则贡献少。

【讲授方法】一池水中有各种污染物,包括有机污染物、无机污染物等,化学需氧量就可定量表征水被有机污染的污染程度,评价水质的好坏。人就好比一池水,也含各种污染物和缺点,道德情操可以表征一个人的本质好坏,道德情操高尚,就是一个好人,可以重用的有用之才,反之,道德情操低劣,就是一个坏人,就不可重用,甚至会被社会所淘汰。

95. 土壤中的腐殖质——内在美比外在美更重要

【知识内涵】腐殖质是动植物死亡衰败后经微生物分解转化形成的有机物,一般为黑色或暗棕色,是土壤有机质的主要组成部分(50% ~ 65%)。腐殖质主要由碳、氢、氧、氮、硫、磷等营养元素组成。腐殖质具有适度的黏结性,能够使黏土疏松,砂土黏结,是形成团粒结构的良好胶结剂。土壤中腐殖质含量大小反映土壤的肥力。

【思政核心】内在美比外在美更重要。

【讲授方法】腐殖质名字不好听,外貌平平,但土壤肥力全靠它。腐殖质是动植物腐烂后的残余物质,它在土壤中的含量大小反映土壤的肥力,动植物死亡后依然为人类做贡献,为人类捐躯。腐殖质好比土壤的知识,腐殖质越多,知识就越多,肥力就越高,对社会的贡献就越大。因此,一个人不要太注重自己的名字和外貌,而要最大限度贡献力量,为人类留下更多的财富。动植物死亡后转变为腐殖质而给人类留下更多财富。人去世后,也可以捐献器官、捐赠遗体,为人类留下更多的财富。

96. 溶解氧——水失去了溶解氧就失去了生命,人失去了健康就失去了世界

【知识内涵】溶解氧是指溶解在水中的分子态氧,以氧的 mg/L 表示,简称 DO。水体中溶解氧的含量多少,反映了水质的污染情况。洁净的地表水溶解氧一般接近饱和,8 ~ 14 mg/L。水体受有机物及无机还原性物质污染,则由于它们的被氧化而耗氧,使水体中溶解氧降低。如果污染严重,氧化作用加快,而大气中氧来不及补充时,水体中的溶解氧不断减少,甚至接近于零。此时厌氧菌得以繁殖并活跃起来,使水中的有机物发酵、腐烂而恶臭,使水质恶化。在

缺氧的水体中,水生动植物的生长将受到抑制甚至死亡。如鱼类在溶解氧低于4 mg/L时就难以生存。因此溶解氧是衡量水体污染的重要指标之一。

【思政核心】水失去了溶解氧,就失去了健康,也就失去了生命。人失去健康,就会失去工作、失去快乐,也就失去了世界。加强体育锻炼,爱惜自己的身体健康(图8.8)。

图8.8　健康与学习、事业、财富(江庆 作)

【讲授方法】饱和的溶解氧,可以让鱼虾蟹贝自由自在地呼吸,生生不息。低贫的溶解氧,鱼虾蟹贝不能呼吸到氧而死亡,从而使水质恶化腐臭,如多米诺骨牌一样倒下,水就失去生命。水体失去了溶解氧,就失去了健康,也就失去了生命。我们的健康就像水中的溶解氧,身体健康,就可以自在工作、快乐生活;人失去健康,就会失去工作、失去快乐,也就失去了世界。加强体育锻炼,爱惜自己的身体健康。

97. 维生素C——珍爱健康,膳食均衡

【知识内涵】维生素C的结构类似葡萄糖,是一种多羟基化合物,其分子中两个相邻的烯醇式羟基极易解离而释出H^+,故具有酸的性质,又称抗坏血酸。维生素C具有很强的还原性,很容易被氧化成脱氢维生素C,但其反应是可逆的,并且抗坏血酸和脱氢抗坏血酸具有同样的生理功能,但脱氢抗坏血酸若继续氧化,生成二酮古乐糖酸,则反应不可逆而完全失去生理效能(图8.9)。维生素C又称为L-抗坏血酸,可以治疗坏血病(四肢无力,皮肤红肿,肌肉疼痛,精神抑郁,接着脸部肿胀,牙龈出血,牙齿脱落,口臭,皮肤下大片出血,最终严重疲惫、腹泻呼吸困难,骨折,肝肾衰竭)。研究发现,维生素C成为诱导多能干细胞的一把钥匙,也是百年老药。

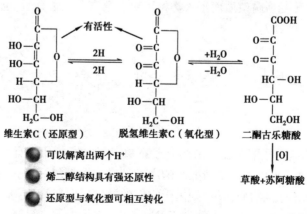

图8.9　维生素C的结构与性质

维生素 C 分子中含有烯醇式邻二羟基,还原性很强,易被 I_2 定量氧化成含二羰基的脱氢维生素 C,故可用直接碘量法测定含量。在碱性条件下,维生素 C 易被空气中的 O_2 氧化,故滴定时加一些 HAc 使滴定在弱酸性溶液中进行,以减少维 C 被空气氧化所造成的误差。

【思政核心】珍爱健康,多吃蔬菜水果,膳食均衡。学会分析检测药物有效成分,有效进行医药打假,维护百姓利益。

【讲授方法】维生素 C 可治疗坏血病,是百年老药,是维系生命的钥匙。蔬菜水果中也含有大量的维生素 C,我们应该珍爱健康,多吃蔬菜水果,膳食均衡。同时,我们学会了分析检测药物的有效成分,可以有效进行医药打假,维护老百姓的利益。

第 **9** 章
沉淀滴定法与人生哲理

98. 沉淀溶解平衡——抵御诱惑,不要被环境所化解

【知识内涵】沉淀溶解平衡是指在一定温度下难溶电解质晶体与溶解在溶液中的离子之间存在溶解和结晶的平衡。难溶电解质不溶是相对的,溶解是绝对的,改变条件,如加酸、加盐、加络合剂、加热都可以增加沉淀物质的溶解度。在科研和生产过程中,经常要利用沉淀反应制取难溶化合物或抑制难溶化合物生成,以鉴定或分离某些离子,或使沉淀能够生成并沉淀完全,或将沉淀溶解、转化。在一定温度下,难溶电解质饱和溶液中各离子浓度幂的乘积为一常数,称为溶度积常数(可简称溶度积),用 K_{sp} 表示,K_{sp} 为多相离子平衡的平衡常数。K_{sp} 的大小反映了难溶电解质溶解能力的大小。一般而言,K_{sp} 数值越大的难溶电解质在水中的溶解能力越强。

【思政核心】学会抵御诱惑,不要被环境所化解。

【讲授方法】沉淀溶解平衡告诉我们:物质溶解是绝对的,不溶是相对的。晶体一旦放于溶剂的环境中,就会或多或少有溶解,只不过其溶度积 K_{sp} 的大小不同而已。人无惰性、不受环境的干扰和诱惑是相对的,环境的诱惑是绝对的,就看一个人抵御诱惑的决心和毅力了。学会抵御诱惑,不要被环境所化解。

99. 银量法三科学家——科学的大门是敞开的,就怕你不攀登

【知识内涵】以沉淀反应为基础,测定物质含量的滴定分析法称为沉淀滴定法。沉淀滴定法要求生成的沉淀具有恒定的组成且溶解度要小,反应必须按一定的化学反应式迅速定量地进行,沉淀反应的速度快,有适当的指示剂指示滴定终点,沉淀的共沉淀现象不影响滴定结果。但由于很多沉淀反应无法满足这些要求,可用于滴定的沉淀反应并不多。沉淀滴定法中,利用生成难溶性银盐来进行测定的方法称为银量法。银量法可以测定银离子、氯离子、碘离子等,

也可以测定经过处理能定量转化为这些离子的有机物。最成熟和最有应用价值的沉淀滴定法是银量法。银量法又分为摩尔法、佛尔哈德法和法扬司法。

【思政核心】科学的大门为每一个人都是敞开的，只要你肯攀登，你就会发明很多新方法，成功总是属于奋斗不懈的人(图9.1)。

【讲授方法】可用于滴定的沉淀反应并不多，最成熟和最有应用价值的沉淀滴定法是银量法。银量法又分为摩尔法、佛尔哈德法和法扬司法。大家看到，这三个方法都是以人名命名的化学分析方法，也就是说，测定同一种物质的含量可以有多种方法。一种方法可以克服另一方法的缺陷，所以，只要肯钻研，每个人都可能会发明很多分析检测方法，克服现有方法的缺陷，就会被称为"张某法""王某法"等，而成为科学家。

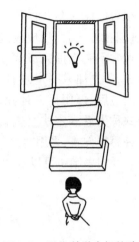

图9.1 通往科学大门的阶梯
(江庆 作)

100.莫尔法滴定条件——创造条件、把握机会，才会成功

【知识内涵】指示剂K_2CrO_4的用量对于终点指示有较大的影响，CrO_4^{2-}浓度过高，滴定终点会提前，浓度过低，终点会延迟，从而产生误差。实验证明，滴定溶液中$c(K_2CrO_4)$为5×10^{-3} $mol \cdot L^{-1}$是确定滴定终点的最佳浓度。滴定时的酸度，在酸性溶液中，CrO_4^{2-}会生成$HCrO_4^-$或$Cr_2O_7^{2-}$，从而降低了CrO_4^{2-}的浓度，使Ag_2CrO_4沉淀出现过迟，甚至不会沉淀。而在强碱性溶液中，会有棕黑色Ag_2O沉淀析出。因此莫尔法只能在中性或弱碱性(pH = 6.5～10.5)溶液中进行。

【思政核心】凡事都有一个度，过高过低都会坏事，把握这个度非常关键。创造条件、把握机会，才会成功。

【讲授方法】莫尔法滴定时，指示剂浓度过高或过低，滴定终点会提前或延迟；溶液酸度过低，终点会延迟，酸度过高，产生黑色Ag_2O沉淀，误差很大。因此，凡事都有一个度，过高过低都会坏事，把握这个度非常关键。学会创造条件、把握机会，才会成功。

101.返滴定法测定卤素离子——反向思维可以成为办事的有效途径

【知识内涵】返滴定法(俗称回滴)，是指当反应较慢或反应物是固体时，若加入符合计量关系的滴定剂，反应常常不能立即完成，此时可以先加入一定量且过量的滴定剂，使反应加速，待反应完成后，再用另一种标准溶液滴定剩余的滴定剂，这种滴定方式称为返滴定法。佛尔哈德法测定卤素离子(如Cl^-、Br^-、I^-和SCN^-)时应采用返滴定法。即在酸性(HNO_3介质)待测溶液中，先加入已知过量的$AgNO_3$标准溶液，再用铁铵矾作指示剂，用NH_4SCN标准溶液回滴剩余的Ag^+。

【思政核心】直路走不通，不妨换一种思维方式，采用"曲线救国"的办法完成任务。反向思维也可以成为办事的有效途径(图9.2)。

【讲授方法】当反应较慢或反应物是固体时,直接滴定反应通常不能立即完成而使终点提前,因此,可换一种滴定方式,即先加入一定量且过量的滴定剂,使反应加速且完全反应后,再用另一种标准溶液滴定过量的滴定剂,这种方式称为返滴定法。也就是说,当直路走不通时,不妨换一种思维方式,采用"曲线救国""欲擒故纵"的办法完成任务。反向思维也可以成为办事的有效途径。

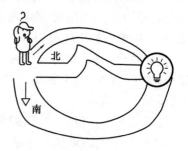

图9.2　勤换思维(卢煊 作)

第 *10* 章
元素和化合物与人生哲理

102. 两性物质——事物都有两面性

【知识内涵】两性物质就是既可与酸反应又可与碱反应的物质。如两性氧化物 Al_2O_3、ZnO、BeO;两性氢氧化物 $Al(OH)_3$、$Zn(OH)_2$、$Be(OH)_2$。两性物质是指既可接受质子、也可提供质子的两性分子或离子,例如,氨基酸和蛋白质有胺基(—NH_2)可接收质子,也有羧基(—$COOH$)可提供质子;可自解离的水和氨分子,弱酸的酸式盐(如 $NaHCO_3$)等也是两性物质。

【思政核心】事物有两面性,才完整。人也要有两面性,才完美。人既善于保持沉默,也可以侃侃而谈;既善于与天使打交道,也善于与魔鬼打交道;既能胜不骄,也能败不馁(图10.1)。

图 10.1　天使与魔鬼(江庆 作)

【讲授方法】两性物质就是既可与酸反应又可与碱反应的物质。人也要有两面性,既善于保持沉默,也可以侃侃而谈;既善于与天使打交道,也善于与魔鬼打交道;既能胜不骄,也能败不馁。

103. 焰色反应——科学真理都埋藏在热血和汗水中

【知识内涵】焰色反应,是某些金属或它们的化合物在无色火焰中灼烧时,会使火焰呈现特殊颜色的反应。其原理是每种元素都有其特别的光谱。在化学上,焰色反应常用来检测某种金属离子的存在。另外,人们利用焰色反应,在烟花中加入特定金属元素,使烟花更加绚丽多彩。焰色反应并未生成新物质,只是金属原子内部电子能级的改变,是物理变化。钾离子的焰色反应的颜色呈紫色,但必须透过蓝色的钴玻璃才能观察到。

【思政核心】科学真理不会主动暴露,都埋藏在热血和汗水中,要刻苦钻研,利用科学方法才能揭示真理和规律。人际交往中也是患难知真情,灼烧见本色。

【讲授方法】钾离子的焰色反应的颜色呈紫色,但必须透过蓝色的钴玻璃才能观察到。在社会生活中,有些人的本色犹如钾离子的焰色反应,只有在火焰上灼烧,并透过蓝色钴玻璃才能把他看清! 所以,科学真理不会主动暴露,都埋藏在热血和汗水中,要刻苦钻研,利用科学方法才能揭示真理和规律。人际交往中也是患难知真情,灼烧见本色。

104. 铝热反应——孝敬父母、爱护亲人,不离不弃

【知识内涵】铝热反应,是利用铝粉作为还原性获得高熔点金属单质的方法。可认为是铝粉与某些金属氧化物(如 Fe_2O_3、Cr_2O_3、MnO_2 等)在高热条件下发生的置换反应,从而置换出金属单质的反应(图10.2)。如铝粉与 Fe_2O_3 通过铝热反应可以置换出铁单质,用该反应用于野外焊接钢轨。

【思政核心】人世间最悲哀的事莫过于此:父母默默地保护着你、爱护着你(图10.3),你却无动于衷,习以为常,甚至冷漠而去,真可谓不孝之子! 因此,我们要孝敬父母、爱护亲人,对亲人不离不弃。

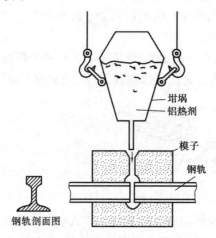

图 10.2　用铝热反应焊接钢轨示意图　　　　图 10.3　父爱与母爱(卢煊 作)

【讲授方法】铝热反应中,铝粉选择燃烧自己置换铁单质,可铁水一旦生成就弃铝而去。在现实社会中,父母好比是铝,儿女好比是铁,父母选择燃烧自己来培育儿女,可有些儿女却弃父母而去、冷漠无情……人世间最悲哀的事莫过于此:父母默默地保护着你、爱护着你,你却无动于衷,习以为常,甚至冷漠而去,真可谓不孝之子! 因此,我们要孝敬父母、爱护亲人,对亲人不离不弃。

105. 氢氧化铝——只有足够优秀,才能颇受青睐

【知识内涵】氢氧化铝是两性氢氧化物,但它只与强酸强碱反应,而不与弱酸弱碱反应。

【思政核心】当你足够优秀或足够强大时,自然会吸引到同样优秀甚至更加优秀的人。

【讲授方法】虽然 $Al(OH)_3$ 具有两性,但它也只与足够优秀或足够强大的强酸强碱反应,而弱酸或者弱碱却永远与它无缘。由此可见,只有足够优秀或足够强大的人,才能颇受青睐,才会吸引到同样优秀甚至更加优秀的人。

106. 同位素,同素异形体,同系物——只要志同道合,就可组成团队, 共谋发展

【知识内涵】具有相同质子数,不同中子数的同一元素的不同核素互为同位素(Isotope)。

同素异形体,是指由同样的单一化学元素组成,因排列方式不同,而具有不同性质的单质。同素异形体之间的性质差异主要表现在物理性质上,化学性质上也有着活性的差异。

同系物(Homologue),是指结构相似、分子组成相差若干个"CH_2"原子团的有机化合物;同系物必须含有相同官能团且官能团数量相等的同一类化合物(酚和醇例外)。

【思政核心】只要志同道合,就可以组成团队,共谋发展。

【讲授方法】同位素/同素异形体/同系物,是同类型物质,具有结构相似、性质相似的特征。同理,人只要志同道合、志趣相同,就可以走到一起,组成团队,共谋发展。

107. 二氧化硅与氢氟酸反应——做一个不飞则罢、一飞冲天的人

【知识内涵】二氧化硅性质稳定,能与强碱反应而溶解,但与硫酸、盐酸、硝酸等强酸不反应,唯独喜欢 HF,可生成四氟化硅气体而溶解。该反应用于玻璃雕花。

$$SiO_2(s) + 4HF(aq) \rightarrow SiF_4(g) + 2H_2O(l)$$

【思政核心】做一个"不飞则罢、一飞冲天"的人。

【讲授方法】二氧化硅是固体,不与硫酸、盐酸、硝酸等强酸反应,非常稳定,唯独可与弱酸氢氟酸(HF)反应,生成四氟化硅(SiF_4)气体而使二氧化硅溶解。可见,二氧化硅虽然性质非常稳定,不被强酸所溶解,但能被弱酸氢氟酸(HF)所溶解而变成气体飘散。因此,做人也要像二氧化硅一样,不飞则罢、一飞冲天。

108. SO_2 和氯水的褪色与显色——找到自己需要的才是最好的

【知识内涵】SO_2 漂白原理:SO_2 与水化合成 H_2SO_3,H_2SO_3 与品红发生加成反应,生成不稳

定的无色化合物,使品红溶液褪色。此反应是可逆的,在加热时,无色化合物又会分解成品红和 H_2SO_3,继而分解成 SO_2 和 H_2O。因此,SO_2 使品红褪色是暂时的。而 SO_2 让石蕊变红却是永远的,因为 SO_2 与水化合成 H_2SO_3 使石蕊变红,但 H_2SO_3 不能与石蕊发生加成反应,故不能使石蕊溶液褪色,因此变红是永远的。

Cl₂的漂白原理:氯气与水反应生成盐酸和次氯酸,次氯酸分解出氧气,即初生氧,初生氧有很强的氧化性,将品红氧化成无色的物质,使品红溶液褪色,是不可逆的,永远褪色。但是,氯水与石蕊作用,先变红,随后因氧化漂白作用而红色褪去,因此氯水让石蕊变红是暂时的。

SO_2 和氯水分别与品红和石蕊的褪色与显色见表10.1。

表 10.1 SO_2 和氯水的褪色与显色

漂白/褪色剂	品红褪色	石蕊显色
SO_2	暂时的	永久的
Cl_2	永久的	暂时的

【思政核心】找到合适自己的才是最好的。

【讲授方法】SO_2 让品红褪色是暂时的,而氯水让品红褪色却是彻底;氯水让石蕊变红是暂时的,SO_2 让石蕊变红却是彻底的……根据自己的实际需要进行选择,找到自己需要的才是最好的。

109.合成氨法——找到自己的事业催化剂是成功的关键

【知识内涵】在高温、高压和催化剂作用下将氮气与氢气合成为氨的工艺流程如图10.4所示。

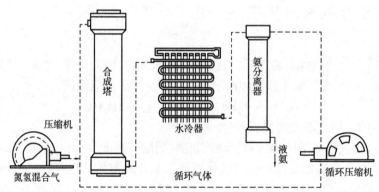

图 10.4   合成氨的简要流程图

【思政核心】找到自己的事业催化剂是成功的关键,找到自己的感情催化剂是幸福的关键。

【讲授方法】N_2 和 H_2 原本不能在一起,但在 Fe 催化剂的撮合下,它俩在高温高压的激情中结合在一起,变成了 NH_3。找到自己的事业催化剂是成功的关键,找到自己的感情催化剂是幸福的关键。

110. 王水可溶解黄金——对难寻方,迎刃而解

【知识内涵】王水(Aqua Regia)是一种腐蚀性非常强、冒黄色雾的液体,是浓盐酸(HCl)和浓硝酸(HNO_3)按体积比为 3∶1 组成的混合物。它是少数几种能够溶解金(Au)等惰性金属物质的液体之一,它的腐蚀性强。王水一般用在刻蚀工艺和一些检测分析过程中。不过一些金属钽(Ta),无机盐如氯化银、硫酸钡、聚四氟乙烯(塑料之王)高分子和无机物硅(Si),不受王水腐蚀。王水极易变质,有氯气的气味,必须现配现用。

第二次世界大战期间,著名丹麦物理学家玻尔被迫离开被德军占领的祖国,为了保护他的诺贝尔奖章,他将奖章溶入王水中。纳粹分子闯入玻尔家,那瓶溶有奖章的王水就在敌人的眼皮底下丝毫没有被发现。战争结束后,玻尔从溶液中还原提取出金,并重新铸成奖章。重新铸成的奖章更加灿烂夺目,因为它凝聚着玻尔对祖国的无限热爱。

黄金可以溶解在王水中,发生氧化还原反应:

$$Au + HNO_3 + 4HCl =\!=\!= H[AuCl_4] + 2H_2O + NO\uparrow$$

若向该溶液中加入过量铁粉、铝粉或锌粉,又可以置换出黄金。

【思政核心】再困难的事情,只要找对方法,就迎刃而解了。世上无难事,只要肯登攀。

【讲授方法】真金不怕火炼,黄金虽稳定,在王水面前就乖乖地溶解了。也就是说,再困难的事情,只要找对方法,就迎刃而解了。世上无难事,只要肯登攀。

111. 汞——科学使用化学物质,才能造福人类

【知识内涵】汞,俗称水银,元素符号 Hg,元素周期表第 80 位,位于第 6 周期、第 ⅡB 族,是在常温常压下唯一以液态存在的金属。汞是银白色闪亮的重质液体,化学性质稳定,不溶于酸也不溶于碱。汞常温下即可蒸发,汞蒸气和汞的化合物多有剧毒(慢性)。汞使用的历史很悠久,用途很广泛。在中世纪炼金术中与硫黄、盐共称炼金术神圣三元素。

天然的硫化汞又称为朱砂、丹砂,由于具有鲜红的色泽,因而很早就被人们用作红色颜料。根据殷墟出土的甲骨文上涂有丹砂,可以证明中国在很久以前就使用了天然的硫化汞。根据中国古文献记载:在秦始皇死以前,一些王侯在墓葬中也早已开始使用水银,例如齐桓公葬在今山东临淄县,其墓中倾水银为池。这就是说,中国在公元前 7 世纪或更早已经取得大量汞。

中国古代还把汞作为外科用药。1973 年长沙马王堆汉墓出土的帛书中的《五十二药方》,抄写年代在秦汉之际,是现已发掘的中国最古医方,可能处于战国时代。其中有四个药方就应用了水银。例如用水银、雄黄混合来治疗疥疮等。

中国古代劳动人民把丹砂(也就是硫化汞),在空气中煅烧得到汞。但是生成的汞容易挥发,不易收集,而且操作人员会发生汞中毒。中国劳动人民在实践中积累经验,改用密闭方式制汞,有的是密闭在竹筒中,有的是密闭在石榴罐中。

根据西方化学史的资料,曾在埃及古墓中发现一小管水银,据历史考证是公元前 16—前 15 世纪的产物。

然而,汞是一种剧毒非必需元素,广泛存在于各类环境介质和食物链(尤其是鱼类)中,其踪迹遍布全球各个角落。

汞的迁移与转化:汞循环是重金属在生态系统中循环的典型,汞以元素状态在水体、土壤、大气和生物圈中迁移和转化。汞迁移、转化的主要特点:汞排入水中后,通过食物链,受汞污染的水中的鱼体内甲基汞浓度可以比水中高上万倍;汞循环是一个复杂的过程,包括:颗粒物的迁移,干、湿物的沉降,火山挥发进入大气,入水沉积污泥中,在细菌作用下生成甲基汞,进入生物体,在生物体内累积;生物甲基化:在微生物的作用下,金属汞和二价离子汞等无机汞会转化成甲基汞和二甲基汞,这种转化称为汞的生物甲基化作用;甲基汞易被人体吸收,排出慢,而且毒性大。这是因为甲基汞易溶于脂类中;汞在体内不易分解,由于其分子结构中有碳-汞键不易切断,是高神经毒剂,多在脑部积累。

汞泄漏的处理:在室内打碎汞温度计时,易产生室内环境污染,但不要惊慌,可以立即把肉眼可见的碎汞珠用纸片托起来放进瓶子里面密封,细小的汞珠可用纸片推到一起,聚成小球,再进行收集。为了完全消除汞污染,可以用硫粉覆盖被汞污染的地方,因为常温下汞会和硫生成稳定难挥发的硫化汞,能防止汞挥发到空气中。

【思政核心】科学使用化学物质,才能造福人类。

【讲授方法】汞,既是工业原料,广泛用于颜料、温度计等仪表的制作,也是药方配料,用于修补牙齿、治疗疥疮等,但是汞也是慢性剧毒元素,是一种神经毒素,也是致癌物质。因此,我们必须科学使用汞等化学物质,才能造福人类(图10.5)。

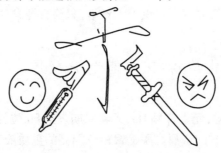

图10.5　汞是我们的朋友,也是敌人

第11章
有机化学与人生哲理

112. 有机合成与"生命力"论——实践是真理的源泉,是认识发展的动力

【知识内涵】18 世纪末到 19 世纪中叶,有机化学发展初期,主要工作是从天然物中提取纯的有机化合物,积累了大量实践经验。同时建立分析方法,分析有机化合物的化学组成。这一时期,工作最显著的当属瑞典的一位药剂师舍勒,他自 1770 年从酿酒副产物中提取到了酒石酸后,又从植物汁液中提取到了草酸,从酸牛奶中提取到了乳酸;从柠檬中提取到了柠檬酸,从苹果中提取到了苹果酸,从人尿中提取到了尿素,从橄榄油中提取到了甘油,从五味子中提取到了没食子酸。

这个时期其他化学家的发明有:1773 年从牛和骆驼尿中提取出马尿酸,1805 年从鸦片中提取出第一个生物碱吗啡,从动物脂肪中提取出胆固醇,1820 年之后相继得到:金鸡纳碱、番木鳖碱、辛可宁碱等。

1806 年由瑞典化学家贝伯齐利乌斯首先提出来"有机化学"这个名词,意思是指"有生机之物"。这位瑞典科学家提出:"在动植物体内的生命力影响下,才能形成有机物,在实验室是无法合成有机物的!"这就是所谓的"生命力"论。

有趣的是,1828 年,德国维勒在加热氰酸铵时得到了尿素,他兴奋地告诉了他的老师——"生命力"论的代表人物伯齐利乌斯:"我应当告诉您,我制出了尿素,而且不求助于肾或动物——无论人或犬。"他写道:"尿素的合成是特别值得注意的事实,因为它提供了一个从无机物人工制成有机物并确实是动物体上的实物的例证。"1845 年,柯尔贝完全以无机物为原料合成了醋酸。之后,人们又合成了酒石酸、柠檬酸、琥珀酸、苹果酸等。在一连串铁的事实面前,"生命力"论就像一艘触礁的破船,被淹没在有机合成的浪涛之中。尿素的合成开辟了有机合成的新纪元。

到 1900 年已经有 15 万种有机物,1990 年已经有 1 057.6 万种有机物,每年增加 42 万种。据美国《化学文摘》(CA)统计,20 世纪最后一天已经有 2 343 万(每年增加 128 万种),新的有机化合物层出不穷。

【思政核心】实践是认识的源泉,是认识发展的动力,实践是检验真理的唯一标准,实践是认识的目的和归宿。

【讲授方法】从有机生命体中提取天然有机化合物,到有机合成的出现,经历了半个多世纪,人工合成有机物使"生命力"论断完全破产。没有"有机合成"就没有现代有机化学,没有科学实践,就没有科学真理。因此,实践是认识的源泉,是认识发展的动力,实践是检验真理的唯一标准,实践是认识的目的和归宿。实践是科学真理的奠基石。

113. 有机分子结构的键线式——扮演好自己的角色,承担好自己的责任

【知识内涵】环丙烷的键线式就是三元环,即正三角形;环丁烷的键线式就是四元环,即正方形,环戊烷的键线式就是五元环,即正五边形,己戊烷的键线式就是六元环,即正六边形。

【思政核心】一个人在社会不同环境中扮演着不同的角色,承担着不同的责任。扮演好自己的角色,做好本职工作,承担好自己的责任。

【讲授方法】符号是记录语言和信息的工具,同一符号在不同场所可以表示不同含义,传递不同的信息,如"△"在数学上表示三角形,在化学中,表示"加热"或"环丙烷",在希腊语字母表第四字母 △(Delta),因此,一个符号失去了应用环境,它将非常尴尬。同理,一个人在社会不同环境中扮演着不同的角色,承担着不同的责任。若一个人角色认知错误,它将非常尴尬,甚至酿成大错。你在家庭中是子女角色,在学校中是学生角色,在社会中是公民角色。扮演好自己的角色,做好本职工作,承担好自己的责任,才是我们的本分。

114. 八隅体规则——事物八方发展良好,才能完美而稳定

【知识内涵】八隅体规则(或称八电子稳定构型规则)是化学中一个简单的规则,它指出各个原子趋向组合,令各原子的价层都拥有八个电子,与惰性气体拥有相同的电子排列(图 11.1)。如碳、氮、氧、卤素、钠、镁等主族元素都依从这个规则。简单而言,当离子或分子的组成原子的最外电子层形成八个电子时,便会趋向稳定。

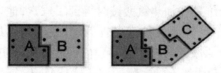

图 11.1　八隅体规则

【思政核心】推进社会变革,解决经济社会发展不协调不平衡问题,以人为本,构建人与人、人与自然、人与社会和谐稳定发展。

【讲授方法】八隅体规则即原子最外层八电子稳定构型规则。一个家庭在经济、教育、健康、人际关系等八方良好发展,才是一个完美而稳定的家。因此,我们推进社会变革,解决经济社会发展不协调不平衡问题,以人为本,构建人与人、人与自然、人与社会和谐稳定发展。

115. 诱导效应——必须学会辨别积极诱导和不良诱惑

【知识内涵】在有机化合物分子中,由于电负性不同的取代基(原子或原子团)的影响,使整个分子中的成键电子云密度向某一方向偏移,使分子发生极化的电子效应,称为诱导效应。诱导效应可以提高反应速率。由极性键所表现出的诱导效应称为静态诱导效应,而在化学反应过程中由于外电场(如试剂、溶剂)的影响所产生的极化键所表现出的诱导效应称为动态诱导效应。诱导效应只改变键内电子云密度分布,而不改变键的本性。

【思政核心】要及时接受积极诱导,坚决杜绝消极诱导。

【讲授方法】诱导效应是由于电负性不同的取代基的吸电子或给电子作用,使整个分子中的成键电子云密度向某一方向偏移,使分子发生极化的电子效应。诱导效应可以促进反应速率。在人类社会中,积极的诱导,我们要及时接受;消极的诱导,我们要坚决杜绝。因此,我们必须学会辨别积极诱导和不良诱惑。

116. 自由基反应——儿女长大,带着自由和梦想成家立业

【知识内涵】两原子(X、Y)间的共用电子对均匀分裂,产生活泼的自由基,X、Y 各带一个未配对电子,呈电中性,称为自由基或游离基(Free Radical),经自由基进行的反应称为自由基反应。

$$X \overset{\cdot\cdot}{|} Y \longrightarrow X^\bullet + Y^\bullet$$

有机化学反应中,许多光照反应、自由基引发的反应都是自由基反应。

【思政核心】自由基反应好比儿女长大了,各自带着自由和梦想结婚成家立业。

【讲授方法】自由基反应是指化合物的分子在光热等外界条件下,共价键发生均裂而形成的具有不成对电子的原子或基团,这些自由基再重新组合成新的化合物的过程。自由基反应好比儿女长大了,带着自由和梦想成家立业。

117. 亲电加成反应——人生生来就不饱和,需要加成亲情、友情、爱情

【知识内涵】亲电加成反应是不饱和键(π 电子)与亲电试剂的加成反应。亲电加成有多种机理,包括碳正离子机理、离子对机理、环鎓离子机理以及三中心过渡态机理。例如:

$$CH_3—CH =CH_2 + HBr \longrightarrow CH_3—CHBr—CH_3$$

在烯烃的亲电加成反应中,氢正离子首先进攻双键(这一步是决速步骤),生成一个碳正离子,然后卤素负离子再进攻碳正离子生成产物,这里的碳正离子越稳定,反应产率越高。对于烯烃的亲电加成反应,主要有卤素加成反应、加卤化氢反应、水合反应、氢化反应、硼氢化反应以及与硫酸、次卤酸、有机酸、醇和酚的加成反应。

【思政核心】人生来都不饱和,需要与其他人发生亲电加成反应,成为饱和键,产生亲情、

友情、爱情,才能更加稳定,发挥更大价值,为社会作出更大贡献。

【讲授方法】亲电加成反应是不饱和键与亲电试剂的加成反应。同样,人生来就不饱和,渴望亲情、友情、爱情,要与其他人发生亲电加成反应,从而有朋友、有团队、有爱人,人生才饱满,才更加稳定,才能发挥更大价值,为社会作出更大贡献。

118. 亲电取代反应——不断学习,提升自我、增强魅力

【知识内涵】亲电取代反应(Electrophilic Substitution Reaction)是指化合物分子中的原子或原子团被亲电试剂取代的反应。最典型的亲电取代反应是苯环上的亲电取代反应——芳香亲电取代反应。一般认为在亲电取代反应中,首先是亲电试剂在一定条件下离解为具有亲电性的正离子 E^+。接着 E^+ 进攻苯环,与苯环的 π 电子很快形成 π 络合物(可以理解为一种碳正离子),π 络合物仍然保持苯环的结构(图 11.2)。

$$E:E \longrightarrow E^+ + E^-$$

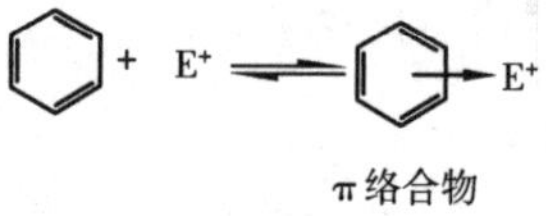

图11.2　π 络合物形成示意图

【思政核心】一个人必须刻苦学习、努力工作,不断增强自己的能力,提升自我魅力,不努力就会被他人所取代。

【讲授方法】亲电取代反应主要发生在芳香体系或富电子的不饱和碳上,就本质而言均是较强亲电基团对负电子体系进攻,取代较弱亲电基团。可以说,较弱亲电基团好比能力和魅力较弱的人,将被能力和魅力较强的强亲电基团所取代。因此,一个人也必须刻苦学习、努力工作,不断增强自己的能力和魅力,才不会被他人所取代。

119. 硬软酸碱原理——强强联手,无懈可击

【知识内涵】硬酸——接受电子的受体原子较小,带正电荷程度高,对外层电子抓得紧;硬酸价电子层没有未共用电子对。例如:H^+、Li^+、Na^+、K^+、Mg^{2+}、Ca^{2+}、Al^{3+}、BF_3、$AlCl_3$、SO_3、CO_2、HX。

软酸——接受电子的受体原子较大,带正电荷程度弱,对外层电子抓得松;软酸价电子层有未共用电子对。如:R—X、Cu^+、Br^+。

硬碱——给出电子的原子电负性高,可极化性小,对外层电子抓得紧。如:HO^-、F^-(Br^- 不为硬碱)、NH_3、ROH。

软碱——给出电子的原子电负性低,可极化性大,对外层电子抓得松。如:CN^-、SH^-、RSH。

"硬""软"是用来描述酸碱抓电子的松紧程度。酸碱结合成化合物的稳定性规律:软亲软,硬亲硬,软硬结合不稳定(图 11.3)。

$$H^+ \quad + \quad OH^- \quad \rightarrow \quad H_2O$$
硬酸　　　　硬碱　　　（稳定）
$$Cu^+ \quad + \quad CN^- \quad \rightarrow CuCN$$
软酸　　　　软碱　　　（稳定）
$$H^+ \quad + \quad CN^- \rightarrow HCN$$
硬酸　　　　软碱　　　（不稳定）

图 11.3　硬软酸碱原理及实例

【思政核心】强强联手,无懈可击,否则弱肉被强食。

【讲授方法】酸碱结合成化合物的稳定规律:软亲软,硬亲硬,软硬结合不稳定。这说明了一个道理:强强联手,无懈可击,否则弱肉被强食。

120. 结构异构——最佳排列组合,把人用到恰当位置,才能发挥最大潜力

【知识内涵】结构异构(Structural Isomerism)是同分异构体的分子式相同,而分子中原子或基团排列顺序不同的异构现象,与立体异构同属于有机化学范畴中的同分异构现象。结构异构包括碳链异构、官能团位置异构、官能团类型异构、互变异构和价键异构 5 种。

【思政核心】一个集体中,找准最佳的排列组合方式,把人用到最恰当的位置,才能让这个集体欣欣向荣。

【讲授方法】结构异构是分子式相同,而原子排列次序不同的异构现象。一个集体,其成员和部门不同的排列组合方式,就可以形成不同的力量,发挥不同的作用。所以,结构异构过程,就是找准最佳的排列组合方式,把人用到最恰当的位置,发挥最大的作用。

121. 构象异构——喜怒哀乐,人之构象

【知识内涵】由于有机分子中碳碳 σ 键可以"自由"旋转,使分子中的原子或基团在空间产生不同的排列,这种特定的排列形式称为构象(Conformation)。由单键旋转而产生的异构体称为构象异构体(Conformation Isomer)或旋转异构体(Rotamer)。乙烷的极限构象有重叠式和交叉式。环己烷的极限构象有船式和椅式(图 11.4)。

(a)乙烷的重叠式　(b)乙烷的交叉式　(c)环己烷的椅式　(d)环己烷的船式

图 11.4　乙烷和环己烷的极限构象

【思政核心】人也有很多构象,极限构象有喜怒哀乐。

【讲授方法】构象异构是因碳碳 σ 键"自由"旋转而使分子中的原子在空间产生不同的排

列方式的现象。由于人的情绪也可以发生变化,也就是说,人也有许多构象,极限构象有喜怒哀乐,这是人之常情。

122. 自由基反应历程——把握人生每个阶段

【知识内涵】烷烃的卤化反应机理,即自由基机理,包括链引发、链增长、链终止三个阶段。

【思政核心】分清事物的各个发展阶段,把握每个阶段的特点,积极应对,把事态引向积极可喜的方向。

【讲授方法】一个人的事业,也有业务开始、业务拓宽、业务稳定三个阶段;一个人的感情也有三个阶段,如喜怒哀乐,都有引发、稳定和消停三个阶段。人生也分学习学业阶段、事业创业阶段、稳定安度阶段三个阶段,我们应分清事物发展的各个阶段,把握每个阶段的特点,积极应对,把事态引向积极可喜的方向。

123. 立体异构——企业文化、激励机制决定成败

【知识内涵】立体异构(Stereoisomerism)是在有相同分子式的化合物分子中,原子或原子团互相连接的次序相同,但在空间的排列方式不同,与结构异构同属有机化学范畴中的同分异构现象。立体异构分为顺反异构(几何异构)、旋光异构、构象异构三类,如顺-2-丁烯与反-2-丁烯互为立体异构体(图 11.5)。

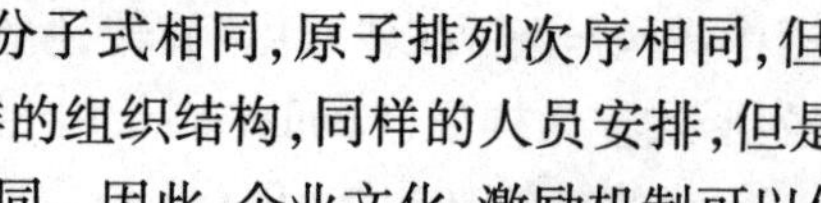

(a)顺-2-丁烯   (b)反-2-丁烯

图 11.5 顺-2-丁烯与反-2-丁烯的立体异构体

【思政核心】企业文化、激励机制决定成功与失败。

【讲授方法】立体异构是分子式相同,原子排列次序相同,但空间排列方式不同的现象。对于企业来说也是如此,同样的组织结构,同样的人员安排,但是企业文化不同、激励机制不同,则企业的业绩和发展也不同。因此,企业文化、激励机制可以使企业产生立体异构,可以使企业活力显著不同。

124. 催化剂与顺式、反式加成——不同催化激励方式,学习工作成效显著不同

【知识内涵】炔烃的催化加氢具有立体选择性,即炔烃的催化加氢反应随催化剂不同其立体选择性不同。能使炔烃顺式部分加氢的催化剂有:林德拉催化剂[$5\% \ Pd/CaCO_3/Pb(Ac)_2$]和 $5\% \ Pd\text{-}BaSO_4$/喹啉。它们作为催化剂都催化炔烃顺式部分加氢,例如图 11.6 所示。

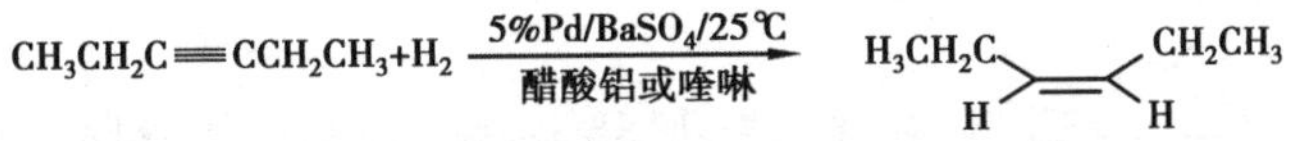

$$CH_3CH_2C \equiv CCH_2CH_3 + H_2 \xrightarrow[\text{醋酸铝或喹啉}]{5\%Pd/BaSO_4/25℃} \begin{array}{cc} H_3CH_2C & CH_2CH_3 \\ H & H \end{array}$$

图 11.6　炔烃顺式部分加氢

　　能使炔烃的反式部分加氢的催化剂有金属 Na 或 Li,它们在液氨中还原炔烃得反式烯烃。例如图 11.7 所示。

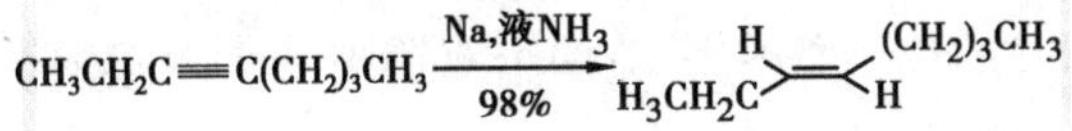

$$CH_3CH_2C \equiv C(CH_2)_3CH_3 \xrightarrow[98\%]{Na,\text{液}NH_3} \begin{array}{cc} H & (CH_2)_3CH_3 \\ H_3CH_2C & H \end{array}$$

图 11.7　炔烃的反式部分加氢

　　【思政核心】人在不同的催化激励条件下,学习工作积极性和学习成效显著不同,故寻找催化激励方法至关重要。

　　【讲授方法】反应物相同,而催化剂不同的条件下,产物不同。催化剂在化学反应中功效神奇。因此,寻找选择性高、反应效率高、成本低、绿色环保的催化剂是许多有机化学家的梦想。同样,人在不同的催化激励条件下,学习工作积极性和学习成效显著不同。因此,寻找催化激励方法非常重要。

125. 马氏规则——只有找到共同语言,才能聚在一起

　　【知识内涵】马氏规则是指当不对称烯烃与卤化氢加成时,氢原子(带正电荷)加在氢较多的不饱和碳上(电子云密度较高),卤原子(带负电荷)加在烃基取代较多的碳原子上(碳正离子)。

　　【思政核心】有相同背景的人总是喜欢聚合在一起,因为容易找到共同语言。

　　【讲授方法】马氏规则是氢原子加到含氢较多的不饱和碳上。老乡会、同学会就是社会上的马氏规则。有相同背景或相同乡音的人总是喜欢聚合在一起,因为他们更容易找到共同语言。

126. 聚合反应——团结力量大

　　【知识内涵】聚合反应是把低分子量的单体转化成高分子量的聚合物的过程,聚合物具有低分子量单体所不具备的可塑、成纤、成膜、高弹等重要性能,可广泛用作塑料、纤维、橡胶、涂料、黏合剂以及其他用途的高分子材料。这种材料是由一种以上的结构单元(单体)构成的,由单体经重复反应合成的高分子化合物,可分为加聚反应(即聚合反应)和缩聚反应(即缩合反应)。

　　【思政核心】团结力量大。

　　【讲授方法】聚合反应是小分子单体转化为高分子量的聚合物的过程,聚合物具有小分子所不具备的可塑、成纤、成膜、高弹等重要性能,可广泛用作塑料、纤维、橡胶、涂料、黏合剂等。单枪匹马、个人英雄主义不能打胜仗,团结才能力量大。

127. 二烯烃分类——团队只有产生共轭效应,才能创造新的价值

【知识内涵】二烯烃分为:隔离双键二烯烃,累积双键二烯烃,共轭双键二烯烃。两个双键被两个或两个以上的单键隔开为隔离二烯烃,如 $C=C-C-C=C$;两个双键连接在同一个碳原子上为累积二烯烃,如 $C=C=C-C=C$;两个双键被一个单键隔开为共轭二烯烃,如 $C=C-C=C-C$。

【思政核心】团队要做共轭二烯,这样才能产生共轭效应,创造新的价值。

【讲授方法】隔离二烯烃就是单烯烃的性质,是简单加和;累积二烯烃变成炔烃的性质,结构突变;而共轭二烯,既具有单烯烃的性质,又增加了共轭效应的性质。因此,两个官能团一定要共轭,才能产生共轭效应的性质,才能创新。如互联网+社交=微信,互联网+金额=支付宝,互联网+课堂=学习通,互联网+批发=京东,互联网+商场=淘宝,互联网+餐饮=美团,互联网+出租车=滴滴出行,这就是创新。还有,苯环是三个双键环状共轭,性质更奇特,易取代、可加成、难氧化。因此,团队只有做共轭烯烃,只有产生共轭效应,才能创造新的价值。

128. 共轭效应——只有心连心、手牵手,才能产生共轭效应,才能创造奇迹

【知识内涵】π-π 共轭体系中,由于电子通过共轭体系离域传递,使分子内原子之间产生相互影响,这种因分子内 p 轨道上电子离域造成的原子之间的相互影响效应,称为 π-π 共轭效应。共轭效应的传递不受传递范围变大而减弱,共轭效应的范围越大,体系越稳定。π-π 共轭体系的特点:p 轨道电子离域;π 电子不是固定在双键的两个碳原子之间,而是分布在共轭体系中的几个碳原子上;键长趋于平均化;降低了体系的能量,提高了体系的稳定性。共轭链越长,电子离域范围越大,体系能量越低,体系就越稳定。

【思政核心】一个集体内部只要心连心、手牵手,才能产生共轭效应,才能创新创业、创造新价值、创造奇迹。

【讲授方法】共轭效应使电子离域而共享、键能键长平均化、体系稳定性提高。一个班集体,只有手牵手,心连心,有福同享、有难同当,才能产生共轭效应,才能创新创业、创造新价值、创造奇迹。

129. 共振论——评价一个人,要从多个维度全面描述

【知识内涵】鲍林于 1931—1933 年提出共振论:当一个分子、离子或自由基不能用一个经典结构表示时,可用几个经典结构式的叠加——共振杂化体描述。共振杂化体不是混合物而是真实分子结构;任何一个极限结构都不能代表真实的分子;每个极限结构只代表电子离域的

限度;任何一个极限结构式的能量都比杂化体的能量高;一个分子所具有的极限式越多,说明电子离域越大,分子越稳定;极限式与杂化体之间的能量差称为共振能(共轭能、离域能),共振能越大,结构越稳定。如 1,3-丁二烯有三种极限式(图 11.8)。

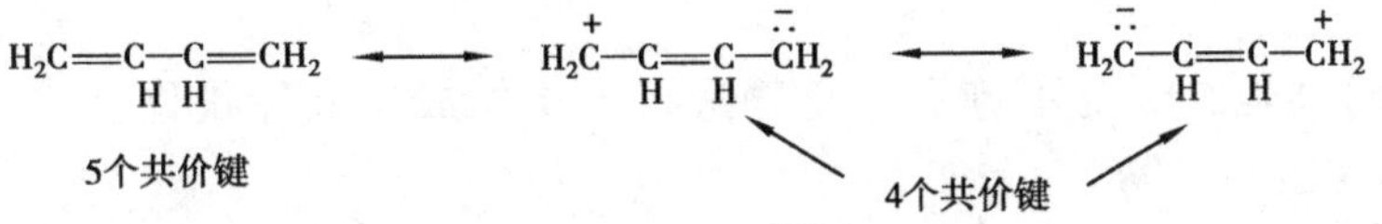

$$H_2C=C-C=CH_2 \longleftrightarrow H_2C-C=C-CH_2 \longleftrightarrow H_2C-C=C-CH_2$$

5个共价键   4个共价键

图 11.8   1,3-丁二烯有三种极限式

【思政核心】评价一个人,要从多个维度全面描述。

【讲授方法】共振论说,当一个分子、离子或自由基不能用一个经典结构表示时,可用几个经典结构式的叠加——共振杂化体描述。一个人的特性不能用一个词语描述,而要用多个词语描述,因为人也会有喜怒哀乐、七情六欲多方面的性格特征。如描述一个乐于助人的人,勇敢、机智、开朗、大度、敏捷等来描述。评价一个人,要从多个维度全面描述。

130. 丁二烯的加成——好而不快,快而不稳

【知识内涵】1,3-丁二烯可发生 1,2-加成和 1,4-加成。发生 1,2-加成反应过程中能垒低,活化能低,反应速率快,得到的产物称为热力学控制产物,而 1,4-加成生成能量低、能够长时间稳定存在的产物,称为动力学控制产物(图 11.9)。

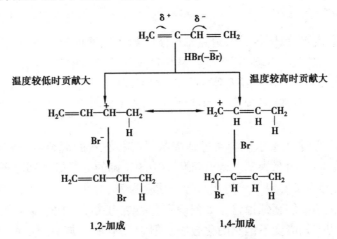

图 11.9   丁二烯的 1,2-加成和 1,4-加成

【思政核心】完成一件事情,稳重第一,速度第二,好而不快,快而不稳。

【讲授方法】由 1,3-丁二烯可发生 1,2-加成和 1,4-加成可以看出,1,2-加成产物是动力学控制产物,该反应过程中能垒低,活化能低,反应速率快,但产物分子不如热力学产物稳定。而 1,4-加成产物是热力学控制产物,该生成物能量低,能够长时间稳定存在。常言道:"好而不快、快而不好",显然 1,2-加成快而产物不稳,而 1,4-加成慢而产物稳定。因此,完成一件事情,稳重比速度更重要,好而不快,快而不稳。

131. 双烯合成——做事顺势而为，多方协同，一鼓作气，一气呵成

【知识内涵】共轭二烯与不饱和化合物进行 1,4-加成生成环状化合物的反应，就称为 Diels-Alder 反应（图 11.10）。

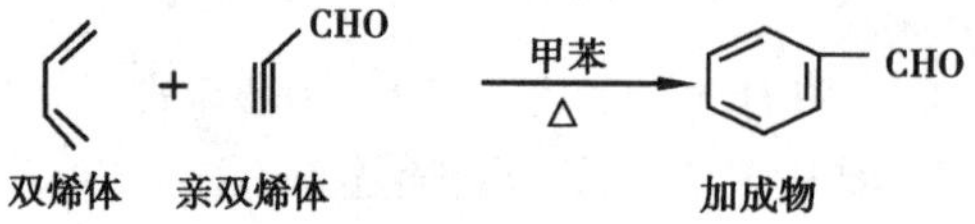

双烯体　亲双烯体　　　　　　　　　　加成物

图 11.10　Diels-Alder 反应

反应经环状过渡态。反应特点：一步完成的协同反应，没有活性中间体生成，只经过渡态完成反应；顺式加成；反应可逆；双烯体共轭碳上有供电基，或亲双烯体不饱和碳上连有吸电基时，反应加快。

【思政核心】人做事情，充分准备、顺势而为，多方协同，一步完成。

【讲授方法】Diels-Alder 反应是共轭二烯与烯或炔进行 1,4-加成生成环状化合物的反应，它是顺式加成，是只经过渡态一步完成的协同反应，没有活性中间体生成。因此，人做事情，也要向 Diels-Alder 反应学习，顺势而为，充分准备、多方协同，一鼓作气，一步完成。

132. 苯的发现与苯的结构——真理的发现，需要否定之否定

【知识内涵】1825 年，英国科学家迈克尔·法拉第首先发现苯。19 世纪初，英国和欧洲其他国家一样，城市的照明已普遍使用煤气。从生产煤气的原料中制备出煤气之后，剩下的一种油状液体却长期无人问津。法拉第是第一位对这种油状液体感兴趣的科学家。他用蒸馏的方法将这种油状液体进行分离，得到另一种液体，这实际上就是苯。当时法拉第将这种液体称为"氢的重碳化合物"。

1834 年，德国科学家米希尔里希通过蒸馏苯甲酸和石灰的混合物，得到了与法拉第所制液体相同的一种液体，并命名为苯。待有机化学中的正确的分子概念和原子价概念建立之后，法国化学家日拉尔等人又确定了苯的相对分子质量为 78，分子式为 C_6H_6。苯分子中碳的相对含量如此之高，使化学家们感到惊讶。如何确定它的结构式呢？化学家们为难了：苯的碳氢之比值如此之大，表明苯是高度不饱和的化合物。但它又不具有典型的不饱和化合物应具有的易发生加成反应的性质。

奥地利化学家约瑟夫·洛希米特，他在 1861 年出版的《化学研究》一书中画出了 121 个苯及其他芳香化合物的环状化学结构。凯库勒也看过这本书，在 1862 年 1 月 4 日给其学生的信中，提到洛希米特关于分子结构的描述令人困惑。不过，洛希米特把苯环画成了圆形。

德国化学家凯库勒是一位极富想象力的学者，他曾提出了碳四价和碳原子之间可以连接成链这一重要学说。对苯的结构，他在分析了大量的实验事实之后认为：这是一个很稳定的"核"，6 个碳原子之间的结合非常牢固，而且排列十分紧凑，它可以与其他碳原子相连形成芳香族化合物。于是，凯库勒集中精力研究这 6 个碳原子的"核"。在提出了多种开链式结构但

又因其与实验结果不符而——否定之后,1865 年他终于悟出闭合环的形式是解决苯分子结构的关键(图 11.11)。

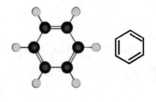

图 11.11　苯

　　关于凯库勒悟出苯分子的环状结构的经过,一直是化学史上的一个趣闻。1890 年,在柏林市政大厅举行的庆祝凯库勒发现苯环结构 25 周年的大会上,据他自己说这个发现来自一个梦。那是他在比利时根特大学任教时,一天夜晚,他在书房中打起了瞌睡,眼前又出现了旋转的碳原子。碳原子的长链像蛇一样盘绕卷曲,忽见一蛇抓住了自己的尾巴,并旋转不停。他像触电般地猛醒过来,整理苯环结构假说,又忙了一夜。对此,凯库勒说:“我们应该会做梦! ……那么我们就可以发现真理,……但不要在清醒的理智检验之前,就宣布我们的梦。”应该指出的是,凯库勒能够从梦中得到启发,成功地提出了重要的结构学说,并不是偶然的。

　　【思政核心】要解释一个科学事实,科学家通过假设→验证→否定→再假设→再验证→再否定……,如此循环无数次,真理才被发现(图 11.12)。

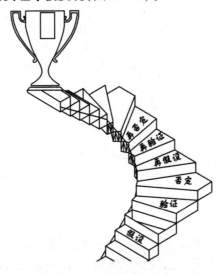

图 11.12　否定之否定,螺旋上升

　　【讲授方法】人们对苯的认识,从 1825 年英国科学家法拉第通过蒸馏煤焦油得到液体“氢的重碳化合物”,到德国科学家米希尔里希通过蒸馏苯甲酸和石灰的混合物,得到了与法拉第所制液体相同的物质,并命名为苯。再到法国化学家日拉尔等人又确定了苯的分子量为 78,分子式为 C_6H_6。苯的结构式如何呢? 化学家们为难了。在提出了多种开链式结构但又因其与实验结果不符而——否定之后,直到 1865 年,德国化学家凯库勒从做梦悟出“闭合环状”苯分子结构,花了 40 年时间,才提出基本正确的结构。一个小小的苯分子,多少科学家为之彻夜难眠、呕心沥血,通过假设→验证→否定→再假设→再验证→再否定……如此循环无数次,真理才被发现。另外,德国化学家凯库勒,日有所思、夜有所梦,精诚所至,金石为开,成功提出了苯分子的结构式:单双键相间的闭合环状。

133.定位规则的应用——路径对了,事半功倍

【知识内涵】利用定位规则考虑有机反应是否可行,如何降低反应能耗等问题都是非常重要的。例如图 11.13 所示。

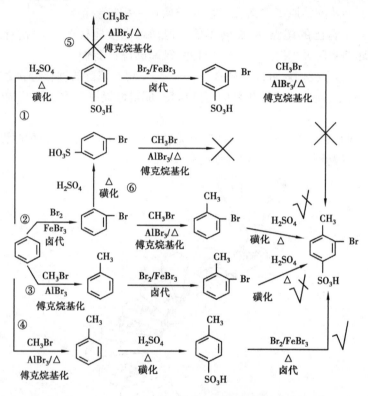

图 11.13　定位规律合成路线示意图

从图 11.13 的合成路径可以看出,反应原料为苯,试剂还有浓硫酸、溴和溴化铁、溴甲烷和三溴化铝,反应类型有磺化、卤代和傅克烷基化三种反应,但反应活性和反应定位规律使反应路径不可随意组合,如苯环上有强吸电子基团时,不可发生傅克反应,苯环上有磺酸基时,属于间位定位基,而苯环上有溴原子或甲基时,属于邻对位定位基,双重定位可以大大提高产率等,因此,三个反应排列先后顺序不一样,可以组合为六条路径,有的路径行不通,如路径①,有的可以进行但不是最佳路径,而最佳路径只有一条,即路径④,反应条件低,产率高,产品纯度高,分离提纯简单,副反应少,环境污染小等优点。

【思政核心】完成一件事情,寻找路径非常重要,磨刀不误砍柴工,最佳路径可以大大提高效率(图 11.14)。

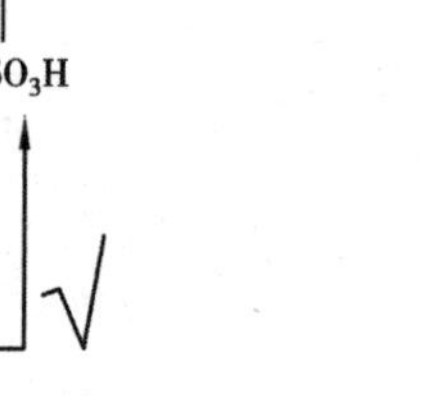

【讲授方法】从图 11.13 的合成路径可以看出,反应原料和反应类型完全一样,但反应排列先后顺序不一样,有的路径不能进行,有的可以进行但不是最佳路径,而最佳路径只有一条。完成一件事情,寻找路径非常重要,磨刀不误砍柴工,最佳路径可以节约

图 11.14　磨刀不误砍柴工

成本、大大提高效率。如乘坐地铁,速度快,不堵车准时,交通费低,且低碳环保。

134. 卫生球——发现问题就要解决问题,解决问题就需创新

【知识内涵】萘是从煤焦油中提取的一种有毒的化学物质,以萘为主要原料制成的萘丸,又称为卫生球,虽有一些防虫防蛀作用,但对人体有致癌作用而危害健康,早在 1993 年即被国务院经济贸易办公室、中华人民共和国卫生部(现国家卫生健康委员会)"停止生产和销售",并提倡使用樟脑制品。天然樟脑丸作为一种实用的防蛀防霉品,被广泛应用于家庭、衣柜、壁橱防蛀防霉。

图 11.15　事物的两面性

【思政核心】事物都有两面性,要一分为二地看待事物,坚持"两点论",有利的一面和有害的一面(图 11.15)。若弊大于利,则必须寻找新的物质和方法,这就需要创新。有需求就有创新。

【讲授方法】卫生球,虽有防虫防蛀作用,但因对人体有致癌等健康危害而被叫停。因此,事物都有两面性,有利的一面和有害的一面。权衡利弊,若弊大于利,则必须寻找新的物质和方法,这就需要创新。发现问题就要解决问题,解决问题就需要创新。

135. 芳香性和休克尔规则——团结闭环、思想共面、人员恰到好处,必成大业

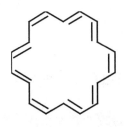

图 11.16　[18]轮烯

【知识内涵】休克尔规则(Hückel 规则)是有机化学的经验规则,是指当闭合环状平面型的共轭多烯(轮烯)π 电子数为($4n+2$)时(其中 n 为 0 或者正整数),具有芳香性(易取代、可加成、难氧化)。故具有芳香性的化合物必须同时具备下列三个条件:

①结构含有闭合离域大 π 键的环。

②构成环的所有原子必须是 SP^2 杂化或 SP 杂化,构成环的所有原子必须在同一平面。

③单个独立环内或稠环整体必须符合 $4n+2$ 个 π 电子。满足休克尔规则的分子,则形成稳定的闭壳层电子结构,分子稳定,具有芳香性。如[18]轮烯是非苯芳烃,具有芳香性(图11.16)。

【思政核心】一个集体必须形成闭环,统一思想、统一认识、共平面,人员数量恰到好处,才能形成一个团结稳定、强大战斗力的集体(图 11.17)。

【讲授方法】一个集体、一个企业,也必须满足于休克尔规则:

①所有的工作和任务形成闭环。

②所有的部门和成员统一思想、统一认识,即思想共面。

③各个部门人员工作量饱满且不冗杂,人员数量恰到好处。

同时满足这三个条件,才能形成一个团结稳定、战斗力强大的集体。

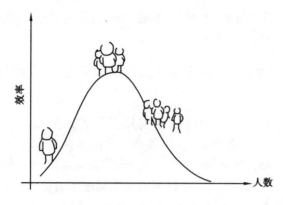

图 11.17 恰到好处（卢煊 作）

136. 分子的手性——人之镜像，本我与自我，战胜自我，保持本我，追求超我

【知识内涵】分子的手性——两个分子互相成为左右手镜像关系但又不能重叠的现象，称为手性。两个分子为实物和镜像的关系：彼此不能重合，如同人的左、右手一样。

手性碳——连接四个不同原子或基团的碳。含一个手性碳原子的化合物一定有另一个互为镜像关系的对映异构体（旋光异构体）。也就是：当一个碳原子与四个不同的原子或基团相连时，分子在空间一定有两种不同的排列方式。例如 2-溴丁烷的对映异构体（图 11.18）。

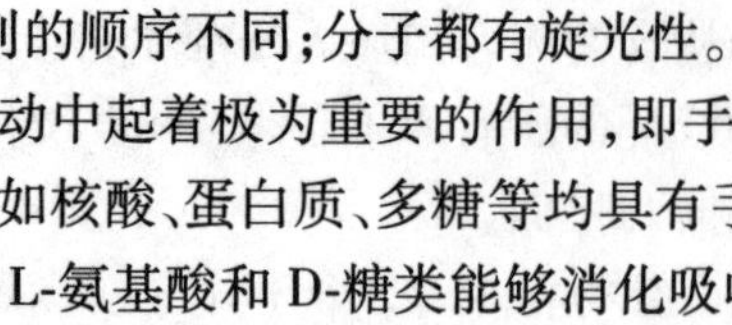

$$H-C-CH_3 \quad | \quad CH_3-C-H$$
$$\overset{Br}{\underset{CH_2CH_3}{}} \qquad \overset{Br}{\underset{CH_2CH_3}{}}$$

图 11.18 2-溴丁烷分子的对映异构体

对映异构体的特点：两者为实物与镜像关系；不能相互重叠，没有对称因素；分子的构造式相同，但原子或基团在空间排列的顺序不同；分子都有旋光性。

分子手性在自然界生命活动中起着极为重要的作用，即手性是生命过程的基本特征。作为生命活动重要基础的大分子如核酸、蛋白质、多糖等均具有手性。因此说，人类的生命本身就依赖于手性识别。如人们对 L-氨基酸和 D-糖类能够消化吸收，而其对映体对人类没有营养价值，甚至有副作用。一个对映体具有疗效，而其另一个对映体产生副作用或毒性。例如，20世纪 50 年代中期，镇静剂——反应停（沙利度胺，Thalidomide），有减轻孕妇清晨呕吐的作用而被广泛应用，结果在欧洲导致 1.2 万例胎儿致残，即海豹肢，于是 1961 年该药从市场上撤除。后来发现沙利度胺 R-型具有镇静作用，而 S-型却是致畸的罪魁祸首。又如，青霉胺（Penicilla-mine）的 D-型是代谢性疾病和铅、汞等重金属中毒的良好治疗剂，但它的 L-型会导致骨髓损伤，嗅觉和视觉衰退以及过敏反应等。临床上只能用 D-青霉胺。

【思政核心】思想积极、听党的话，这就是本我；懒惰、腐败、贪婪是自我，本我才能对社会有贡献，生命有价值。人也有镜像——本我和自我，超越自我，保持本我（图 11.19）。

【讲授方法】一个对映体具有营养价值或药物疗效，而其另一个对映体产生副作用或毒性。同样,一个人,必须要热爱祖国、听党的话,相当于社会的 L-氨基酸,才对社会有贡献、有生命活性的人,是本我的表现。反之,崇洋媚外、贪婪腐败,就是 D-氨基酸,对社会毫无营养价值,甚至有毒性,就是自我。人也有镜像——本我和自我,超越自我,保持本我,追求超我。

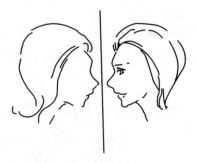

图 11.19　人之镜像——自我与本我

137. 亲核取代反应——只有提升自己给对方的安全感,爱情才会稳定而长久

【知识内涵】亲核取代反应(Nucleophilic Substitution Reaction):亲核试剂进攻中心碳原子,离去基团带着一对电子离去的反应(图 11.20)。

图 11.20　亲核取代反应示意图

亲核试剂(Nucleophile):—Nu ≡,RO—,—OH,—CN;

离去基团(Leaving Group):—L ≡,—X,—OH。

对于卤代烃而言,有水解、氨解、醇解反应,还有与醇钠的 Williamson 醚合成法、与氰化钠的腈解,还有与硝酸银生成卤化银沉淀,用于鉴定卤代烷。

【思政核心】只有不断提升自己、充实自己、改变自己,给对方安全感和幸福感,爱情才会稳定而长久(图 11.21)。

【讲授方法】亲核取代就是一方(离去基团)魅力不足,另一方(中心碳原子)不断受到亲核试剂进攻,离去基团只有带着一对电子(孩子)而离去。同样道理,朋友、恋人之间,实力和魅力不足,就会成为离去基团,被亲核试剂所取代。因此,我们只有不断提升自己、充实自己、改变自己,给对方安全感和幸福感,爱情才会稳定而长久。

图 11.21　安全感和幸福感（卢煊 作）

138. 消除反应——消除缺点,加成优点

【知识内涵】消除反应(Elimination):在一个分子中同时脱去两个原子或基团,使不饱和度升高的反应。脱卤化氢是消除反应的一种。α,β-消除,从相邻碳原子上同时脱掉两个原子或基团(图 11.22)。

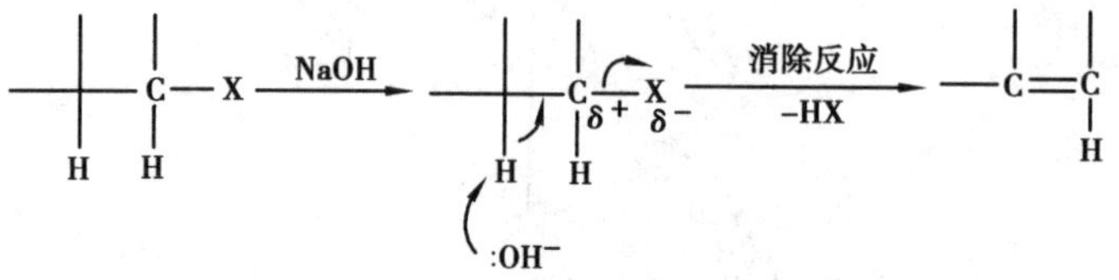

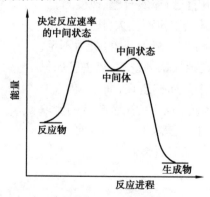

图 11.22　消除反应示意图

【思政核心】消除缺点,加成优点。

【讲授方法】消除反应是在一个分子中同时脱去两个原子或基团,变成一个不饱和官能团的反应。如果我们有缺点和错误,我们就发生消去反应,消除它们,等到我们要吸纳别的优点时,再发生加成反应。

139. 格氏试剂——甘当做反应中间体来成就别人

【知识内涵】格林尼亚试剂(Grignard 试剂)简称“格氏试剂”。卤代有机物与金属镁在无水乙醚中反应形成一种有机镁反应中间体,被称格氏试剂(图 11.23)。格氏试剂是含卤化镁的有机金属化合物,由于含有碳负离子,因此属于亲核试剂,由法国化学家维克多·格林尼亚1901 年发明。格氏试剂在有机合成上十分有用,可以与醛、酮、酯等许多有机物反应制备一系列新的化合物,而且反应快、反应效率高,因而有多种市售格氏试剂存在。法国化学家维克多·格林尼亚因发明格氏试剂,于 1912 年获得诺贝尔化学奖。后来,法国化学家诺尔芒于1953 年以四氢呋喃(THF)作为溶剂得到了格氏试剂。

图 11.23　反应中间体

【思政核心】要学会做有机合成中间体——格式试剂,做一座桥梁,成就别人。

【讲授方法】格式试剂是一种有机镁反应中间体,十分优秀的亲核试剂,在有机合成上十分有用,相当于有机合成上的一座桥梁,通过它可以大大缩短合成路径、提高反应效率。因此,在社会生活中、我们也要学会做有机合成中间体——格式试剂,做一座桥梁,成就别人。

140. 格林尼亚的人生故事——人不怕犯错误,就怕不知耻,要知耻而后勇

【知识内涵】早年的格林尼亚是一个浪荡公子。1871 年,维克多·格林尼亚(图 11.24)出生在法国美丽小城瑟堡市有名的造船厂老板家庭。由于优裕的家庭经济条件和父母的疼爱,一切都听命于他,父母从来也不批评和管教他。由于格林尼亚已经养成了娇生惯养、游手好闲的坏习惯。小学、中学一直都没有好好学习。父母的宠爱为社会造就了一个二流子。他还自命不凡,在这个城市里,谁都怕他这位了不起的"英雄"。优越的家庭造就出一个没有出息的浪荡公子。

受到严厉教训。21 岁那年,格林尼亚仍然是整天无所事事,寻欢作乐。一天,瑟堡市的上流社会举行舞会,格林尼亚也前去参加。在舞场上,他很潇洒地走到一位美丽端庄、气质非凡的姑娘面前请她共舞。姑娘端坐不动,格林尼亚便进身细语道:"小姐,请您赏光。"姑娘并不买格林尼亚的账,只是冷冷地一笑,用手指着格林尼亚说:"请快点走开,离我远一点,我最讨厌像你这样不学无术的花花公子!"格林尼亚长这么大,还没有碰过这么实实在在的钉子,这当头一棒,打得他有点不知东南西北了。他气、恼、羞、怒、恨,五味俱全,不知所措。后来他才知道,这位姑娘是来自巴黎的著名的波多丽女伯爵。格林尼亚不禁吸口凉气,渗出冷汗。在瑟堡市"称雄称霸"多年的格林尼亚被波多丽女伯爵三言两语打得落花流水。

图 11.24　维克多·格林尼亚

重新做人。应该庆幸的是,格林尼亚的自尊心尚未丧失,还知道羞耻。此后几天,格林尼亚闭门不出,检讨自己的行为。多年来在父母的宠爱下,在社会的纵容下,20 多岁的男子汉,要本事没有本事,要品德没有品德,竟成了社会的一个"公害"。他想到波多丽女伯爵教训自己,人们早已看透了自己的品行。从此,格林尼亚认识到自己的错误,知耻而后勇。他意识到,要想重新开始必须离开瑟堡市。格林尼亚决心离家出走,他给家里留下了一封信:"请不要找我,让我重新开始,我会战胜自己,创造出一些成绩来的……"格林尼亚的父母早已认识到自己教育的失败,再也不能宠爱儿子了,应该让他自己去闯出一条新路。老两口没有阻止儿子,也没有寻找,只是静静地等待着儿子的好消息。

功成名就。格林尼亚离家出走来到里昂,他本想进入里昂大学就读,但是他的学业荒废得太多了,怎么考得上大学呀? 格林尼亚只好一切从头开始。幸好有一个叫路易·波尔韦的教授很同情他的遭遇,愿意帮助他补习功课。经过老教授的精心辅导和他自己的刻苦努力,花了两年的时间,他才把耽误的功课补习完了。这样,格林尼亚进入了里昂大学插班读书。他深知得到读书的机会来之不易,眼前只有一条路就是发奋努力。当时学校有机化学权威巴比尔看中了他的刻苦精神和才能,于是,格林尼亚在巴比尔教授的指导下,学习和从事研究工作。

1901 年由于格林尼亚发现了格氏试剂而被授予博士学位。离家出走 8 年之后,格林尼亚实现了出走时留下的诺言。离开家乡时,他是一个人人讨厌的纨绔子弟,而现在他已成为杰出的化学家了。

道德高尚。1912 年瑞典皇家科学院鉴于格林尼亚发明了格氏试剂,对当时有机化学发展产生的重要影响,决定授予他诺贝尔化学奖。当格林尼亚得知自己获得诺贝尔化学奖时,心情难以平静,他知道自己取得的成绩是与老师巴比尔分不开的。是巴比尔老师把自己已经开创的课题交给格林尼亚去继续研究,在巴比尔的指导之下,格林尼亚发现了格氏试剂。为此,格林尼亚上书瑞典皇家科学院诺贝尔基金委员会,诚恳地请求把诺贝尔化学奖发给巴比尔老师,此时的格林尼亚不仅是一位勤奋好学、成果累累的学者,也是一位道德高尚的人。

当格林尼亚获诺贝尔奖的消息传开之后,波多丽女伯爵写给他的贺信:"我永远敬爱你!"。格林尼亚始终牢记女伯爵对自己的逆耳忠言,激励自己不断前进。一个人犯错误并不可怕,怕的是没有自尊,不知羞耻。

【思政核心】一个人犯错误并不可怕,可怕的是没有自尊、不知羞耻、不思进取。知耻而后勇,可以为师也(图 11.25)。

【讲授方法】在化学史上,有名的"格氏试剂"的发明者——格林尼亚,年轻时游手好闲,优越的家庭造就出一个不学无术的浪荡公子,荒废了近 20 年的大好时光。他 21 岁时,在瑟堡市的一次上流社会的舞会上,一位女伯爵——波多丽毫不客气地对他说:"请离我远一点,我最讨厌你这样不学无术的花花公子。"这句话像针一样刺痛了他,也唤醒了他的自尊心。于是,他来到里昂,拜师苦读,补上了荒废的课程。后来,他对化学产生了浓厚的兴趣,经过无数次的探索和实验,研制出一种重要的试剂——格氏试剂,填补了化学史上的空白。因此,1912 年,瑞典皇家科学院授予他诺贝尔化学奖。波多丽女伯爵骂倒了一个纨绔子弟,骂出了一个诺贝尔奖获得者。一个人犯错误并不可怕,可怕的是没有自尊、不知羞耻。知耻而后勇,可以为师也。

图 11.25 知耻而后勇 (卢煊 作)

141. 氟利昂的利与弊——有些缺点可以一票否决你的成就

【知识内涵】氟利昂,源于 Freon,它是一个由美国杜邦公司注册的制冷剂商标。在中国,氟利昂定义存在分歧,一般将其定义为饱和烃(主要指甲烷、乙烷和丙烷)的卤代物的总称。有些学者将氟利昂定义为氯氟烃(CFC)制冷剂;在部分资料中氟利昂仅指二氯二氟甲烷(CCl_2F_2,CFC 类的一种)。氟利昂在常温下都是无色气体或易挥发液体,无味或略有气味,无毒或低毒,化学性质稳定。由于二氯二氟甲烷等 CFC 类制冷剂破坏大气臭氧层,已限制使用。地球上已出现很多臭氧层空洞,有些漏洞已超过非洲面积,其中很大的原因是因为 CFC 类氟利昂的化学性质。氟利昂的另一个危害是温室效应。

【思政核心】任何事物都有利与弊两面性,有些缺点和危害是无法克服的,具有一票否决性。

【讲授方法】氟利昂二氯二氟甲烷等既是制冷剂,又是破坏大气臭氧层产生臭氧层空洞的元凶,而已限制使用(图 11.26)。任何事物都有利与弊两面性,有些缺点和危害是无法克服的,具有一票否决性。同样,人的有些缺点,如政治立场、道德品行这些缺点具有一票否决作用,我们一定要树立正确立场,树立良好的道德品行,才能在社会中有立足之地。

图 11.26　氟利昂的利与弊(卢煊 作)

142. 第一位获诺贝尔科学奖的中国本土人,屠呦呦——中国人一定能行

【知识内涵】屠呦呦,女,药学家。1930 年生于浙江宁波,1951 年考入北京大学,在医学院药学系学习。她从事中药和中西药结合研究多年,突出贡献是创制新型抗疟药青蒿素和双氢青蒿素。1972 年成功提取到了一种分子式为 $C_{15}H_{22}O_5$ 的无色结晶体,命名为青蒿素。2011 年9 月,因为发现青蒿素——一种用于治疗疟疾的药物,对疟原虫 100% 的抑制率,挽救了全球特别是发展中国家的数百万人的生命,获得拉斯克奖。2015 年 10 月,屠呦呦因提取青蒿素和双氢青蒿素而获得诺贝尔生理学或医学奖。她成为首位获科学类诺贝尔奖的中国本土科学家、第一位获得诺贝尔生理学或医学奖的华人科学家。2017 年 1 月,屠呦呦获得 2016 年度国家最高科学技术奖。

20 世纪 60 年代,疟原虫对奎宁类药物已经产生了抗药性,严重影响到治疗效果。青蒿素及其衍生物能迅速消灭人体内疟原虫,对恶性疟疾有很好的治疗效果。屠呦呦受中国典籍《肘后备急方》启发,成功提取出的青蒿素,被誉为"拯救 2 亿人口"的发现。

【思政核心】相信祖国的科研实力、相信中国人,中国人一定能行。

【讲授方法】屠呦呦受中国典籍《肘后备急方》启发,成功提取出青蒿素。青蒿素和双氢青蒿素挽救了全球数百万人的生命,2015 年 10 月,屠呦呦获得诺贝尔生理学或医学奖。她成为首位获科学类诺贝尔奖的中国本土科学家。屠呦呦坚守科学精神,治病救人,造福人类,她是时代风骨,中国脊梁。因此,相信中国人,屠呦呦在极其艰难的科研条件下,能做出举世瞩目的科学成就,当今的中国,在各方面已经取得巨大进步,科研条件更好了,我们必须相信祖国的科研实力、相信中国人,中国人一定能行。

143. 醇与酚——你的搭档决定你的类型

【知识内涵】醇是脂肪烃、脂环烃或芳香烃侧链中的氢原子被羟基取代而成的化合物。也可以说,醇是羟基(—OH)与饱和碳原子直接相连。若羟基与芳烃核(苯环或稠苯环)直接相连形成的有机化合物则是酚。酚与醇的性质有较大差异。另外,"醇"还有酒味厚重、淳朴、质朴之意。很多天然化合物都是醇类或酚类物质。如甘油——润滑油、紫杉醇——抗癌药、木醇——毒性大等都是天然醇类化合物,都具有良好的药用价值。然而很多酚类物质都是有毒性的。

【思政核心】你的搭档决定你的类型,也折射出你的人品。

【讲授方法】醇是羟基与饱和碳原子直接相连的化合物。酚是羟基与苯环(或稠苯环)直接相连的化合物。酚与醇的性质有较大差异。因此,羟基的搭档决定了它的种类,从而决定了它的性质。同理,你的搭档决定你的类型,也折射出你的人品,甚至决定你的成败。

144. 乙醇——量变引起质变,勿以恶小而为之

【知识内涵】乙醇(Ethanol),分子式 C_2H_5OH,俗称酒精。乙醇易燃、易挥发、无色透明液体,低毒性,纯液体不可直接饮用;具有特殊香味,微甘,有刺激性辛辣滋味,能与水以任意比互溶。能与氯仿、乙醚、甲醇、丙酮和其他多数有机溶剂混溶,相对密度 0.816。乙醇的用途很广,可用乙醇制造醋酸、饮料、香精、染料、燃料等。医疗上也常用体积分数为 70%~75% 的乙醇作消毒剂等,在医疗卫生、食品工业、工农业生产中用途广泛。

酒精在中药使用上的作用:用于泡药酒。酒精有助于药物有效成分的析出,中药的多种成分都易于溶解酒精之中;酒精可以行药势,古人谓"酒为诸药之长",酒精可以使药力外达于表而上至于颠,使理气行血药物更好的理气行血,也能使滋补药物补而不滞。

适量饮酒会起到畅通血脉、祛风散寒、健脾暖胃的作用,有兴奋神经、扩张血管、加强血液循环的作用,还有解除疲劳、增加食欲、促进消化吸收作用。

但过量饮酒,人就会失去自制力、失去知觉、昏迷不醒,甚至危及生命;损害中枢神经、损害肝脏,可导致酒精肝硬化;长期大量饮酒,还危及生殖细胞,导致后代智力低下,甚至不孕不育。

人喝酒后面部潮红,是因为皮下暂时性血管扩张所致,因为人体内有高效的乙醇脱氢酶,能迅速将血液中的酒精转化成乙醛,而乙醛具有使毛细血管扩张的功能,会引起脸色泛红甚至身上皮肤潮红等现象,也就是平时所说的"上脸"。另外还有一种酶——乙醛脱氢酶,喝酒脸红的人是只有乙醇脱氢酶没有乙醛脱氢酶,所以体内迅速累积乙醛而迟迟不能代谢引起的。乙醇代谢的速率主要取决于体内酶的含量,其具有较大的个体差异,并与遗传有关。人体内若是具备这两种酶,就能较快地分解酒精,中枢神经就较少受到酒精的作用,因而即使喝了一定量的酒后,也行若无事。在人体中,都存在乙醇脱氢酶,而且大部分人的数量是基本相等的。但缺少乙醛脱氢酶的人就比较多。乙醛脱氢酶的缺少,使乙醛分解较慢,在体内存留时间较长,因人而异。

酒驾和醉驾的区别:依据驾驶人员血液、呼气中的酒精含量不同来判断。驾驶人每100 mL血液中的酒精含量大于或等于 20 mg、小于 80 mg 属于酒驾。驾驶人每 100 mL 血液中的酒精含量大于或等于 80 mg,属于醉驾。酒驾暂扣 6 个月机动车驾驶证,处 10 日以下拘留,并处 1 000 元以上 2 000 元以下罚款;醉驾吊销机动车驾驶证,依法追究刑事责任,10 年内不得重新取得机动车驾驶证。

【思政核心】由量变引起质变。开车不喝酒,喝酒不开车,守住法律底线。勿以恶小而为之。

【讲授方法】我们知道,适量饮酒,可以祛风散寒、健脾暖胃、兴奋神经、促进血液循环,有解除疲劳、促进消化、增加食欲的作用。但过量饮酒,人就会失去自制力、失去知觉、昏迷不醒,损害中枢神经、损害肝脏,可导致酒精肝硬化,甚至有生命危险。驾驶人每100 mL血液中的酒精含量大于或等于20 mg,小于80 mg,属于酒驾;驾驶人每100 mL血液中的酒精含量大于或等于80 mg,属于醉驾。量变引

图 11.27　酒驾违法(卢煊 作)

起质变。酒驾,依照《道路交通安全法》给予行政处罚,属于严重违法;醉驾,依照《刑法》追究刑事责任,属于刑事犯罪。因此,开车不喝酒,喝酒不开车,守住法律底线。勿以恶小而为之(图11.27)。任何事物的发展都是一个量变到质变的过程,没有量变的积累,质变就不会发生。

145. 卢卡斯试剂与醇的鉴别——以不变应万变,以万变应不变

【知识内涵】卢卡斯试剂(Lucas 试剂)又称盐酸-氯化锌试剂。通常用等物质的量的无水氯化锌和浓盐酸混合而成。在反应中与醇发生取代反应。用于鉴别伯、仲、叔、苄醇(C6 以下的醇)的试剂。与苄醇瞬间完成,与叔醇 1 min 有沉淀,与仲醇,10 min 有浑浊,与伯醇加热 1 h 才出现浑浊(图 11.28)。

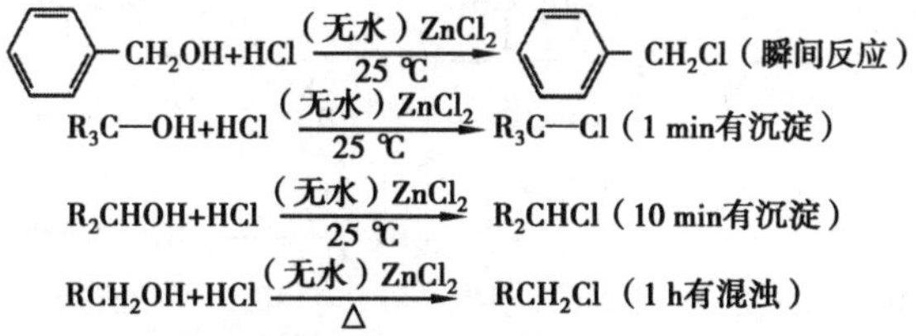

$$
\text{C}_6\text{H}_5\text{—CH}_2\text{OH}+\text{HCl} \xrightarrow[25\ ℃]{(\text{无水})\text{ZnCl}_2} \text{C}_6\text{H}_5\text{—CH}_2\text{Cl}\ (\text{瞬间反应})
$$
$$
\text{R}_3\text{C—OH}+\text{HCl} \xrightarrow[25\ ℃]{(\text{无水})\text{ZnCl}_2} \text{R}_3\text{C—Cl}\ (1\ \text{min 有沉淀})
$$
$$
\text{R}_2\text{CHOH}+\text{HCl} \xrightarrow[25\ ℃]{(\text{无水})\text{ZnCl}_2} \text{R}_2\text{CHCl}\ (10\ \text{min 有沉淀})
$$
$$
\text{RCH}_2\text{OH}+\text{HCl} \xrightarrow[\triangle]{(\text{无水})\text{ZnCl}_2} \text{RCH}_2\text{Cl}\ (1\ \text{h 有混浊})
$$

图 11.28　卢卡斯试剂与伯、仲、叔、苄醇反应过程

【思政核心】以不变应万变,以万变应不变。

【讲授方法】Lucas 试剂就是盐酸-氯化锌试剂,用于鉴别伯、仲、叔、苄醇,看混合液浑浊快慢,来鉴别醇的类型。以不变的试剂,应对可变的醇类。以不变的卤代反应应对万变的反应现象,来鉴别物质。以不变应万变,就是事物时常变化,我们办事要注意观察其变化,处变不惊。以万变应不变,就是事物在没有变化时,我们进行提前准备,将事物的变化加以充分考虑。

146. 竞争反应——竞争,不争乃大争,不与人争功名,只与自己争品性

【知识内涵】醇分子内脱水与其分子间脱水互为竞争反应。醇分子内脱水生成烯烃;其分子间脱水生成醚。例如,乙醇在浓硫酸作用下,140 ℃时,主要发生分子间脱水成醚,在 170 ℃下,主要发生分子内脱水成乙烯。但两个反应都同时发生,只是一个是主反应时,另一个是副

反应。

【思政核心】竞争意识,不争乃大争。不与人争功名,只与自己争品性。

【讲授方法】醇分子内脱水生成烯烃;醇分子间脱水生成醚。醇分子内脱水与其分子间脱水互为竞争反应。林语堂在《风声鹤唳》中写道:"不争,乃大争。不争,则天下人与之不争"生活中,"争比"无处不在,争金钱,争财富,争业绩,争地位,争权力,争地盘……"争"是浮躁不安的生存现况,是贪婪的膨胀,怨恨的滋生,甚至是走向失败的深渊。不争乃大争:不与人争声誉,不与人争功名,只与自己争品性,方能成为人生的赢家! 不争,乃心存远志、不为外物所动的坚守。

147. 频哪醇重排——机构重组,发展更大

【知识内涵】频哪醇重排反应(Pinacol Rearrangement),是一类亲核重排反应,反应中,频哪醇在酸性条件下发生消除并重排生成不对称的酮,该反应可用于螺环烃的合成。例如:2,3-二甲基-2,3-丁二醇(俗称频哪醇),其脱水反应如图 11.29 所示。

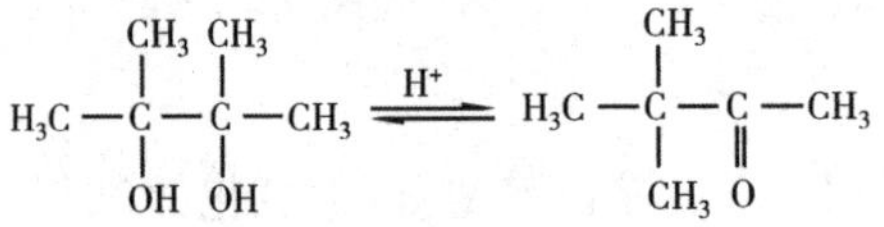

图 11.29　频哪醇的脱水反应

其重排反应的机理如图 11.30 所示。

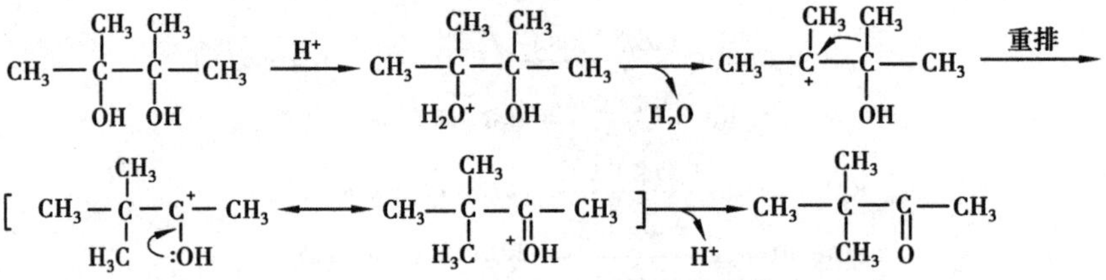

图 11.30　频哪醇的脱水反应机理

【思政核心】为了更好的发展,组织机构也会重组、重排。

【讲授方法】频哪醇重排反应,在酸性条件下,频哪醇发生消除并重排生成不对称的酮。同理,机构到一定时期也会重组,机构重组就是再构筑:包括削减臃肿的机构、改革组织结构等重新改建旧有的公司体制构造的活动。这其中虽然也包括裁员这一环节,但是机构改革并不和解雇相等。组织机构也会为适应外界形势和内部管理的需要而重组、重排,便于各部门更好齐力协调,便于个成员更好发挥自身的潜力,从而让一个公司、一个集体更好的发展。

148. 原子经济性反应——建设生态文明,经济高效无污染

【知识内涵】原子经济性反应是原子经济性的现实体现。理想的原子经济性的反应是指在化学合成过程中,原料分子中的原子百分之百地转变成产物,不需要附加,或仅仅需要催化

剂,实现零排放(Zero Emission)。原子经济性反应是指在化学合成过程中,合成方法和工艺应被设计成能把反应过程中所用的所有原材料尽可能多地转化到最终产物中的化学反应。"原子经济性"(Atom Economy)是绿色化学的核心内容之一。

由于石油化工资源的枯竭,和环境污染问题越来越突出,迫使人们去研究节约原料、提高产率和减少污染,甚至是无污染的化学反应。1991 年 B. M. 特罗斯特(B. M. Trost)首先提出了原子经济性概念,他认为精细有机化学反应也要考虑原子经济问题,合成效率成为当今合成方法学中关注的焦点,合成效率包括三个方面:一是高的选择性。二是原子经济性,即原料分子尽可能多地转化成为产物。三是直接性,即用最少的过程完成从原料到产物的转化。他认为高效的有机合成应最大限度地利用原料分子的每一个原子,使反应达到零排放。

【思政核心】树立尊重自然、顺应自然、保护自然的生态文明的理念,走向可持续发展道路。

【讲授方法】原子经济性反应,是指在化学合成过程中,将尽可能多的原材料原子都转化为最终产物的化学反应。在生产、学习、生活过程中,我们也要尽可能讲究原子经济性,尽可能减少三废,达到经济、高效、零排放、无污染。我们要树立尊重自然、顺应自然、保护自然的生态文明的理念,走可持续发展道路(图 11.31)。

图 11.31　生态文明建设(江庆 作)

149. 甲醛——变朋友为敌人是愚蠢,化敌人为朋友靠智慧

【知识内涵】甲醛,化学式 CH_2O,又称蚁醛。无色气体,对人眼、鼻等有刺激作用。熔点 $-92\ ℃$,沸点 $-19.5\ ℃$。易溶于水和乙醇。水溶液的浓度最高可达 55%,通常是 40%,俗称福尔马林(Formalin),是有刺激气味的无色液体。甲醛具有强还原性,尤其是在碱性溶液中,还原能力更强。甲醛作为重要的化工原料,是生产酚醛树脂、脲醛树脂、维纶等高分子材料的重要原料,也是生产乌洛托品、季戊四醇、染料、农药和消毒剂等的重要原料。

工业甲醛溶液一般含 37% 甲醛和 15% 甲醇,作为阻聚剂。但是,甲醛对人体健康危害明显,主要有以下几个方面:

①刺激作用:甲醛是原浆毒物质,能与蛋白质结合、高浓度吸入时会对呼吸道造成严重的刺激,发生水肿、眼刺激、头痛。

②致敏作用:皮肤直接接触甲醛可引起过敏性皮炎、色斑、坏死,吸入高浓度甲醛时可诱发

支气管哮喘。

③致突变作用:高浓度甲醛还是一种基因毒性物质。动物在高浓度吸入甲醛情况下,可引起鼻咽肿瘤。

④突出表现:头痛、乏力、恶心、呕吐、心悸、失眠、记忆力减退等。孕妇长期吸入甲醛可能导致胎儿畸形,甚至死亡;男子长期吸入可导致不孕不育等。

2017年10月27日,在世界卫生组织国际癌症研究机构公布的致癌物清单中,将甲醛放在一类致癌物列表中。

【思政核心】变朋友为敌人是愚蠢,化敌人为朋友靠智慧。

【讲授方法】甲醛作为重要的化工原料,是生产酚醛树脂、脲醛树脂、维纶等高分子材料的重要原料,也是生产乌洛托品、季戊四醇、染料、农药和消毒剂等的重要原料。可以说他是我们的朋友,人们的生产离不开它。可是它又是致敏致癌

图 11.32　敌人和朋友（江庆 作）

致突变的有毒物质,而且是气体,无孔不入,危害明显,它又是我们的敌人。因此,必须依靠我们的知识和智慧,变危害为安全,化敌人为朋友(图11.32)。

150. 黄鸣龙还原法——一点点改变,结果大有不同

【知识内涵】醛酮的羰基被还原为亚甲基。一些对酸不稳定而对碱稳定的醛类或酮类在碱性条件下与肼作用,羰基被还原为亚甲基;原本的沃尔夫—凯惜纳(Wolff-Kishner)的方法是将醛或酮与肼和金属钠或钾在高温(约200 ℃)下加热反应,需要在封管或高压釜中进行,操作不方便;该反应经中国科学家黄鸣龙改进,他将肼改换为水合肼,更安全,将乙醇钠强碱更换为氢氧化钠弱碱,以三甘醇做溶剂,不需要高温高压,而在常压下加热即可完成,反应时先将反应物与氢氧化钠、肼和高沸点醇类的水溶液混合加热,生成腙后,将水和过量肼蒸出,待温度达到195～200 ℃时回流3～4 h后完成。该反应被称为沃尔夫—凯惜纳—黄鸣龙还原反应,该名称是第一个以"华人"命名的有机化学反应。

【思政核心】

①潜心研究获重大成果是中国科学走向世界的唯一途径。

②一点点改变,结果就大有不同。

【讲授方法】黄鸣龙还原反应是一种将醛或酮在碱性条件下(NaOH)与水合肼、高沸点的三甘醇作用,使羰基还原为亚甲基的反应。中国化学家黄鸣龙站在 Wolff—Kishner 法的基础上,进行了小小的改进,可是反应结果却发生了显著的变化,让高温高压变常压加热,不使用高压釜、不使用封管。沃尔夫—凯惜纳—黄鸣龙还原反应是第一个以"华人"命名的有机化学反应。这是中国人的自豪;潜心研究获重大成果是中国科学走向世界的唯一途径。一点点小改变可以积累成翻天覆地的大变化。

151. 柠檬酸——生活原本酸酸甜甜,日子只需平平淡淡

【知识内涵】柠檬酸(图 11.33)属于果酸的一种,纯品柠檬酸为无色透明结晶或白色粉末,无臭,有一种诱人的酸味。柠檬酸在工业、食品业、化妆业等具有极多的用途。它具有温和爽快的酸味,普遍用于各种饮料、葡萄酒、糖果、点心、饼干、乳制品等食品的酸味剂。在所有有机酸的市场中,柠檬酸市场占有率 70% 以上,可作调味剂,也可作食用油的抗氧化剂。柠檬酸在化学技术上可作色谱分析试剂、生化试剂、络合剂、掩蔽剂。采用柠檬酸或柠檬酸盐类作助洗剂,可改善洗涤产品的性能,可以迅速沉淀金属离子。柠檬酸-柠檬酸钠缓冲液用于烟气脱硫。在仔猪饲料中添加柠檬酸,可以提早断奶,提高饲料利用率 5% ~ 10%。柠檬酸可加快角质更新,常用于乳液、乳霜、洗发精、美白用品、抗老化用品、青春痘用品等。每天早上还没进食之前,喝一杯柠檬水,可以加强肠胃蠕动、治疗便秘、排出体内毒素、达到美容功效,也可去除口腔异味,消除口臭。

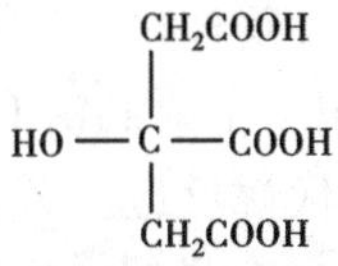

$$CH_2COOH$$
$$HO-C-COOH$$
$$CH_2COOH$$

图 11.33　柠檬酸结构式

天然柠檬酸广泛存在于自然界中,如柠檬、柑橘、菠萝等果实和动物的骨骼、肌肉、血液中。

【思政核心】生活原本酸酸甜甜,日子只需平平淡淡。

【讲授方法】柠檬酸温和酸爽,甘醇可口,功效强大,祛毒养颜。生活如同柠檬,原本酸酸甜甜,日子又如清泉,只需平平淡淡。

152. 防腐剂苯甲酸——人随时都要注意防腐、防微杜渐

【知识内涵】苯甲酸又称安息香酸,分子式为 C_6H_5COOH,是苯环上的一个氢被羧基(—COOH)取代形成的化合物。常温下具有苯或甲醛的气味的鳞片状或针状结晶。它的蒸气有很强的刺激性,吸入后易引起咳嗽。微溶于水,易溶于乙醇、乙醚等有机溶剂。苯甲酸是弱酸,比脂肪酸强,不易被氧化。苯甲酸的苯环上可发生亲电取代反应,主要得到间位取代产物。

苯甲酸以游离酸、酯或其衍生物的形式广泛存在于自然界中。苯甲酸一般常作为药物或防腐剂使用,有抑制真菌、细菌、霉菌生长的作用,药用时通常涂在皮肤上,用以治疗癣类的皮肤疾病。最初苯甲酸是由安息香胶干馏或碱水水解制得,也可由马尿酸水解制得。工业上苯甲酸是在钴、锰等催化剂存在下用空气氧化甲苯制得;或由邻苯二甲酸酐水解脱羧制得。苯甲酸及其钠盐可用作乳胶、牙膏、果酱或其他

图 11.34　防微杜渐(卢煊 作)

食品的防腐剂、杀菌抑菌剂,是广谱抗微生物试剂,随着介质酸度的增高其杀菌、抑菌效力增强,在碱性介质中则失去杀菌抑菌作用,其最佳 pH 值为 2.5 ~ 4.0。

【思政核心】人随时都要注意防腐、防微杜渐(图 11.34)。

【讲授方法】苯甲酸及苯甲酸钠是广谱抗微生物试剂,广泛用于食品防腐剂、杀菌抑菌剂。食品,容易被细菌、微生物侵蚀,必须随时添加防腐剂,人如食品,应注意防腐、防微杜渐。

153. 酯类香料——风过留凉、人过留香

【知识内涵】酯类香料在自然界分布很广,在植物的根、茎、叶、果实、种子、树皮、花等部位均有存在。酯类的香气类型、强度和特色均与酯的结构有关。低级羧酸和低级醇生成的酯一般为挥发性液体,带有花香、果香或草香。低级羧酸与低级萜烯醇生成的酯,带有花香气。带有芳基的酯,多数带有花香气。芳香酸和芳香醇生成的酯,虽然香气不浓烈,但沸点较高、香气持久。由于酯类的合成容易、原料来源广,合成的酯类香型很多,价格便宜,所以得到广泛应用。脂肪酸酯类香料在香料工业中占有重要地位,其特点是品种多、合成易、价格低,在日用香精、食用香精以及工业用香精中大量使用。主要制法有醇与脂肪酸酯化反应、醇与酸酐反应、醇与酰氯反应、酯交换反应,羧酸盐与卤代烷反应。芳香酸酯类香料主要有苯甲酸酯(安息香酯)、苯乙酸酯、肉桂酸酯、水杨酸酯。它们在日用香精和食用香精中起着重要作用。

【思政核心】风过留凉、人过留香。

【讲授方法】化妆品、香水、饮料、水果等都有香味,很多香味都是挥发性酯类化合物,有花香、果香、草香。我们要多做好事,人品高尚,风过留凉、人过留香,做一个受人们欢迎、尊敬的人。

154. 甜味剂糖精钠——生活偶尔也需要甜味剂

【知识内涵】糖精钠(图 11.35)是食品工业中常用的合成甜味剂,其甜度比蔗糖甜 300 ~ 500 倍。糖精钠于 1878 年被美国科学家发现,很快就被食品工业界和消费者接受。它不被人体代谢吸收,在各种食品生产过程中都很稳定。缺点是风味差,有后苦,这使其应用受到一定限制。糖精钠的在生物体内不被分解,由肾排出体外,但其毒性小。

【思政核心】生活偶尔也需要一点甜味剂。

【讲授方法】糖精钠的甜度比蔗糖甜 300 ~ 500 倍,是食品工业中常用的合成甜味剂。人的生活有时很平淡枯燥,这时就需要加点甜味剂,给生活一点美好滋味。

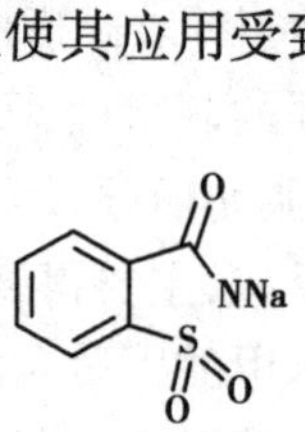

图 11.35　糖精钠的结构式

155. 尼古丁,令人兴奋上瘾——越让你上瘾的东西对你的毒害越大

【知识内涵】尼古丁俗称烟碱(图 11.36),毒性强,是香烟中最令人兴奋及上瘾的成分。

瘾君子为了获得尼古丁,伴随吸入了更多毒害物质及致癌物。1 g 重的烟碱能毒死 300 只兔或 500 只老鼠。如果给人注射 50 mg 烟碱,就会致人死亡。从肺吸收只要 7 s 就到达脑部,然后对末梢神经起作用,并增快心率,使人感到晕眩,进而升高血压,使人消化不良,影响食欲及引起末梢血管的收缩,长期吸入易导致心脏及血管病。

【思政核心】越让你上瘾的东西对你的毒害越大。

【讲授方法】尼古丁,又称烟碱,毒性强,是香烟中最令人兴奋及上瘾的成分。瘾君子为了获得尼古丁,伴随吸入了更多毒害物质及致癌物。1 g 的烟碱能毒死 500 只老鼠。如果给人注射 50 mg 烟碱,就会致人死亡。从肺吸收尼古丁只需 7 s 就到达脑部,然后对末梢神经起作用,并增快心率,使人感到晕眩,进而升高血压、使人消化不良、影响食欲及引起末梢血管的收缩,长期吸入易导致心脏及血管病。所以,尼古丁这种越让你上瘾的东西对你的毒害越大。劝君"珍爱健康、远离烟草"(图 11.37)。

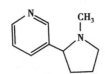

图 11.36　尼古丁的结构式　　　　图 11.37　远离烟草(卢煊 作)

156. 阿司匹林解热镇痛——红红脸、出出汗,洗洗澡、治治病

【知识内涵】阿司匹林(Aspirin,乙酰水杨酸)用于发热、疼痛及类风湿关节炎等解热镇痛(图 11.38)。它是一种白色结晶或结晶性粉末,无臭或微带醋酸臭,微溶于水,易溶于乙醇,可溶于乙醚、氯仿,水溶液呈酸性。阿司匹林经近百年的临床应用,证明对缓解轻度或中度疼痛,如牙痛、头痛、神经痛、肌肉酸痛及痛经效果较好,亦用于感冒、流感等发热疾病的退热,治疗风湿痛等。近年来发现阿司匹林对血小板聚集有抑制作用,能阻止血栓形成。

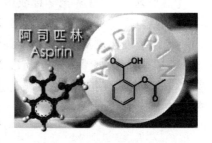

图 11.38　阿司匹林的结构式

【思政核心】红红脸、出出汗,洗洗澡、治治病。

【讲授方法】阿司匹林,学名乙酰水杨酸,用于发热、疼痛及类风湿关节炎等解热镇痛。发烧感冒用阿司匹林,抓紧吃药,即可痊愈。人的思想小毛病,也需要及时治疗。正如"红红脸、出出汗,洗洗澡、治治病"。

157. 保护与脱保护——幼小时需保护,成年了则需脱保护,勇闯天涯

【知识内涵】在许多有机化学合成中,反应物分子中含有几个活性官能团,而目标产物又只需要反应部分官能团,还需保留一些官能团,如果加入某种试剂,一步反应,严重发生副反应,而得不到目标产物,但是通过上保护基团,把需要保留而又活泼的基团先保护起来,再加入反应试剂进行反应,完成后再进行脱保护,就可得到目标产物。其过程是:上保护基→主反应→脱保护基。例如,乙酰基可以作为胺的保护基。磺酸基可以作为苯环的占位保护基团。例如,用苯胺合成对硝基苯胺和邻硝基苯胺的路线如图 11.39 所示。

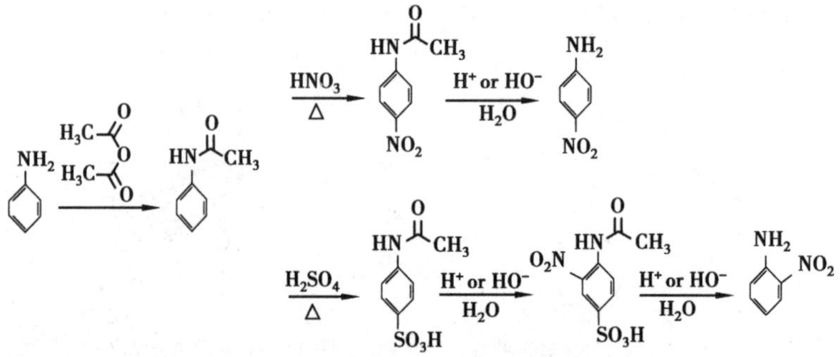

图 11.39　以苯胺合成对硝基苯胺和邻硝基苯胺的路线

【思政核心】人在幼小时需要保护,成年了就需要脱保护,独立自主,勇闯天涯(图11.40)。

【讲授方法】在许多化学合成中,反应物含有几个活性官能团,但只需要反应部分官能团,如果加入某种试剂,一步反应,严重发生副反应,而得不到目标产物,如果通过上保护基→主反应→脱保护基进行反应,就可得到目标产物。人在幼小时需要保护,需要照顾,但是成年了就需要脱保护,独立自主,勇闯天涯。

图 11.40　保护(江庆 作)

158. 表面活性剂——化解矛盾,以和为贵

【知识内涵】表面活性剂(Surfactant),是指加入少量就能使两相体系的界面状态发生明显变化的物质。表面活性剂的分子结构具有两亲性:一端为亲水基团,另一端为疏水基团,在溶液的表面能定向排列(图 11.41)。亲水基团常为极性基团,如羧酸、磺酸、硫酸、氨基或胺基及其盐;而疏水基团常为非极性烃链,如 8 个碳原子以上烃链。表面活性剂分为阳离子表面活性剂(如十二烷基三甲基季铵盐),阴离子表面活性剂(如硬质酸钠、十二烷基苯磺酸钠),非离子型表面活性剂(如烷基葡糖苷、脂肪酸甘油酯)等。

【思政核心】化解矛盾,变水油不溶为水油相溶,促进和谐发展。

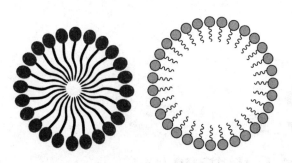

图 11.41　表面活性剂分子的两亲性

【讲授方法】表面活性剂就是加入少量就能使其两相体系的界面状态发生明显变化的物质。人也要做表面活性剂,善于调解矛盾,在两人水火不容,意见分歧时,我们要具有一端亲水,一端亲油的能力,学会化解矛盾,变水油不溶为水油相溶,促进和谐发展。

第 **12** 章
化学实验与人生哲理

159. 试管加热——贪婪之人,伤人害己

【知识内涵】给试管加热时,试管中盛装的液体的体积不能超过试管容积的1/3,若太多,沸腾溶液容易喷射出来伤人(图 12.1)。

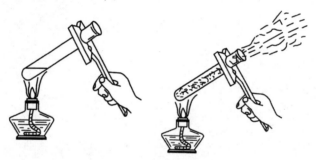

图 12.1　给试管的液体加热

【思政核心】贪婪之人,伤人害己。

【讲授方法】给盛装液体的试管加热时,试管中液体不能超过试管容积的1/3,太多液体容易喷射伤人。同理,人心犹如试管,不要太贪婪,装下三分之一足矣! 否则,一旦喷发,伤人害己!

160. 萃取——只有魅力十足才能留住爱情

【知识内涵】萃取是利用物质在两种互不相溶(或微溶)的溶剂中溶解度或分配系数的不同,使溶质物质从一种溶剂内转移到另外一种溶剂中的方法。它是分离混合物的单元操作。其后,将萃取后两种互不相溶的液体分开的操作,称为分液。萃取方法广泛应用于化学、冶金、食品等工业,通用于石油炼制工业。液-液萃取,又称抽提;固-液萃取,也称为浸取,是用溶剂

分离固体混合物中的组分,如用水熬制中药,用水浸取甜菜中的糖类,用酒精浸取黄豆中的豆油以提高油产量。萃取的操作过程并不造成被萃取物质化学结构和成分的改变,没有化学发生反应,所以萃取操作是一个物理过程。

【思政核心】爱情就好比是溶液,一旦魅力不够,另一半很可能被萃取而抢走! 只有足够的魅力才能留住你的另一半。

【讲授方法】萃取是利用物质在两种互不相溶的溶剂中溶解度的不同,而使溶质物质从一种溶剂内转移到另外一种溶剂中的方法。生活中,爱情就好比是溶液,一旦魅力不够,另一半很可能被萃取而抢走!

161. 蒸馏——不愠不火,效率更高

【知识内涵】蒸馏是一种热力学的分离工艺,它利用混合液体或液-固体系中各组分沸点不同,使低沸点组分蒸发,再冷凝以分离整个组分的单元操作过程,是蒸发和冷凝两种单元操作的联合(图 12.2)。但蒸馏温度过高,产物纯度低,甚至暴沸;温度过低,效率低,甚至蒸馏不出产物。所以蒸馏要不愠不火,加热温度稍稍高于沸点最佳。

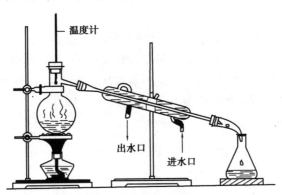

图 12.2　蒸馏装置

【思政核心】做事情如蒸馏,应该不愠不火、不急不躁,才能得到最好结果。

【讲授方法】蒸馏是利用混合液体体系中各组分沸点不同,使低沸点组分蒸发、冷凝以分离整个组分的操作过程。但蒸馏温度过高,分离效果差,产物纯度低,甚至暴沸;温度过低,效率低,甚至蒸馏不出产物。所以蒸馏要不愠不火,加热温度稍稍高于沸点最佳。同理,我们做事情如蒸馏,应该不愠不火、不急不躁,才能得到最好结果。如学习、婚姻、爱情如蒸馏,温度太低、缺乏激情,得不到爱情,而温度过高也得不到好效果,甚至还会暴沸。

162. 过滤——留其精华,去其糟粕

【知识内涵】过滤是利用物质的溶解性差异,将液体和不溶于液体的固体分离开来的一种方法(图 12.3)。过滤需要的实验仪器有漏斗、烧杯、玻璃棒、铁架台、铁圈、滤纸。例如,用过

滤法可提纯粗盐。

图 12.3　过滤

【思政核心】生活要学会过滤,滤去糟粕,留下精华。

【讲授方法】过滤是利用物质的溶解性差异,将液体和不溶固体分离开来的一种方法。生活要学会过滤,滤去糟粕,留下精华;滤去痛苦,留下快乐;滤去病痛,留下健康。如果出现穿滤,则需再重复过滤一次。

163. 回流反应——不愠不火,成功秘诀

【知识内涵】有机合成时,反应过程需要加热,但由于很多有机反应物在加热下会形成蒸气,若不冷凝则会从瓶口溢出流失,从而导致反应转化率低,甚至失败,这时需要加一个球形冷凝管在反应烧瓶口,再通冷凝水即可,这就是回流反应(图 12.4)。这种加热回流反应,温度过高反应物容易碳化,温度过低,反应很慢甚至不发生。

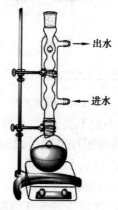

图 12.4　回流反应装置

【思政核心】生活就像一个有机合成反应,只有学会冷静淡定,不愠不火,携手合作、不离不弃,才会成功反应,实现目标。

【讲授方法】生活就像一个有机合成反应,有些人太过放纵,在瓶底就碳化了;有些人不够淡定,从上口离开了;有些人冷冷淡淡,成了过量反应物;有些人想法独特,成了副产物;只有反应物携手合作,而且不离不弃,才是我们需要的最终产品。

164. 酸碱滴定——人生观,走好每一步,成功在眼前

【知识内涵】酸碱中和滴定,是用已知物质量浓度的酸(或碱)来测定未知物质的量浓度的碱(或酸)的方法(图 12.5)。用甲基橙、甲基红、酚酞等做酸碱指示剂来判断是否完全中和,是否到达终点。酸碱中的实验仪器有酸式滴定管、碱式滴定管、蝴蝶夹、滴定台、烧杯、锥形瓶、容量瓶、称量瓶等。

【思政核心】未来是漫长的,成功在向你招手。只要你用心走好每一步,速度就在你的手中,成功就在你的眼前!

【讲授方法】酸碱滴定是无明显现象的快速化学反应,只有用酸碱指示剂来判断是否完全中和,是否到达终点。滴定的时候要有耐心,学会用手精准控制速度。在生活中,有时候你会抱怨:"什么时候才能到达终点啊?"耐不住性子,"怎么颜色还不改变?"滴定管很长,我们的人生也很长,坚持用心控制速度,精准放入每一滴,速度就在你的手中,终点就在你的眼前!

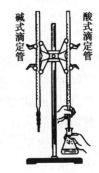

图 12.5　酸碱滴定操作

165. 空白试验——看似无用之举,实为大用之道

【知识内涵】空白试验可消除或减少由试剂、蒸馏水或器皿带入的杂质所造成的系统误差。空白试验是在不加入试样的情况下,按与测定试样相同的步骤和条件进行的试验。试验所得结果称为空白值。从试样的测定结果中扣除空白值,就可得到比较可靠的分析结果。空白值应该是一个恒定值,但有些情况下重现性不好。例如,在沉淀分离过程中,沉淀的量越多,吸附的杂质也越多,沉淀吸附杂质的量不恒定,要消除这个系统误差比较困难。另外,空白值不应很大,否则从测定值中扣除空白值来计算的误差较大。这时要通过提纯试剂和选用适当的器皿来减小空白值。对于微量和痕量测定,一般化验室的器皿和试剂所引起的系统误差是很可观的,更需要做空白试验。

【思政核心】看似无用之举,实为大用之道。

【讲授方法】空白试验是在不加入试样的情况下,按与测定试样相同的步骤和条件进行的试验。空白试验可消除或减小由试剂、器皿带入的杂质所造成的系统误差。对于微量和痕量测定,一般化验室的器皿和试剂所引起的系统误差是很大的,更需要做空白试验。因此,空白试验,看似无用之举,实为大用之道。学习生活中,很多看似可有可无的一个小动作,可以成为一个人的高尚品格,成为一个社会的良俗美德。例如,将垃圾放在自己袋子里面而不乱扔,人人如此,则会使环境更美好。

参考文献

[1] 胡常伟,周歌.大学化学[M].3 版.北京:化学工业出版社,2015.

[2] 甘孟瑜,张云怀.大学化学[M].北京:科学出版社,2018.

[3] 林深,王世铭.大学化学实验[M].2 版.北京:化学工业出版社,2016.

[4] 张文勤,郑艳,马宁,等.有机化学[M].5 版.北京:高等教育出版社,2014.

[5] 边玉山.中国人生哲理[M].北京:群言出版社,2008.

[6] 何晓春.化学与生活[M].北京:化学工业出版社 ,2008.

[7] 王彦广.化学与人类文明[M].3 版.杭州:浙江大学出版社,2016.

[8] 洪韵.人生哲理故事全集[M].沈阳:万卷出版公司,2013.

[9] 广田襄.现代化学史[M].丁明玉,译.北京:化学工业出版社,2018.

[10] 林承志.化学之路[M].北京:科学出版社,2018.